人はなぜ憎しみあうのか

The Human Swarm

How Our Societies Arise, Thrive, and Fall

「群れ」の生物学　下

マーク・W・モフェット
Mark W. Moffett

小野木明恵 訳

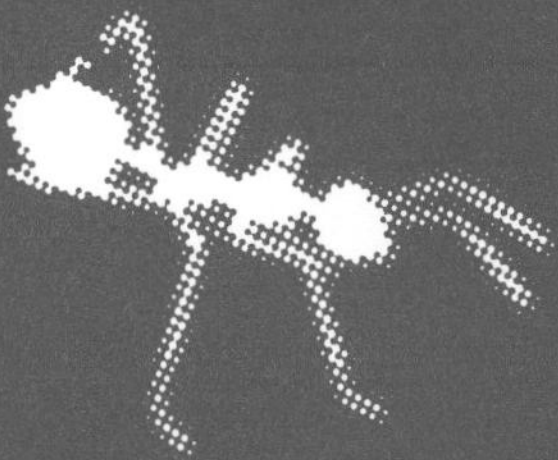

早川書房

人はなぜ憎しみあうのか

――「群れ」の生物学

〔下〕

THE HUMAN SWARM
How Our Societies Arise, Thrive, and Fall
by
Mark W. Moffett

Translated by
Akie Onoki
First published 2020 in Japan by
Hayakawa Publishing, Inc.
This book is published in Japan by
arrangement with
Mark W. Moffett c/o The Stuart Agency
through The English Agency (Japan) Ltd.

目次

◉上巻目次

第5部　社会のなかで機能する（あるいはしない）（承前）

第15章　大連合《グランド・ユニオン》

　第二次世界大戦前夜のナチス政権下ドイツにおいて権力が誇示される最大のイベントは、ニュルンベルクで開かれた党大会だった。毎年、何十万人もの熱狂した人々が会場を埋め尽くした——その数は最終的に一〇〇万人近くに達した。会場は一三〇個のサーチライトで囲まれ、そのまばゆい光は一〇〇キロメートル先からも見ることができた。熱弁がふるわれワグナーのオペラ音楽が轟き渡るなか、巨大な旗や横断幕のもとで、軍隊が次から次へとガチョウ足行進でパレードした。

　ナチスがドイツ人を存在のおおいなる連鎖の頂点に押し上げたということが、はっきりわかるほどの壮観だった。しかし、世界のどこか他の場所でニュース映画を観ている人々にとって、この光景は、人間がもつバイアスに作用して、外集団のメンバー——この場合はドイツ人たち——はひとつの種類であると判断させるように働いた。この狂騒は強い連帯感を示していたため、ナチスを恐れる人々の心のなかでは、数え切れないほどの参加者たちの輪郭がぼやけていって、ふつうは昆虫の集落《コロニー》と結びつけて連想されるような、反ユートピア的な画一性をもった群れへと変化していったようだった。まさしくジョージ・オーウェルは国家主義を「人間を虫のように分類することができ、何百万人あるいは何千万人の塊全体に、自信たっぷりに『善』または『悪』とラベルを貼ることができると当然のように考える習慣である」と形容した。[1]

ニュルンベルクにいた群集のように威嚇的にふるまわなくても、集団内のメンバーたちは、多くのアリがしているように融合することができる。誰もが、なじみのない外見をもち似たような行動を取っているので、一人ひとりを見分けることが難しくなるからだ。この点は、自身が属する集団のメンバーとはまったく正反対である。今日、この問題は、社会の内部にも社会間にも及んでいる。彼らはみんなそっくりだ。白人はアジア人についてこう言うし、アジア人もまた白人について同じことを言う。これでは、森を見て木を見ていない。どちらの人種においても、特徴には同じ程度のばらつきがあるからだ。[2]彼らは信用できない。この偏見は、今日の社会において言われるのと同じくらい、かつての狩猟採集民社会のなかで非常にありふれたものだった（この点については後から詳細に論じる）。

他者をいったんカテゴリーに押し込んだら、敵対する国でスローガンを叫んでいる群衆や、友好国で歓呼の声を上げている支持者たちが、心の目には融合してひとつに映る。あたかも個々の人々が、フランケンシュタインのつぎはぎだらけの体を構成する多数の細胞であり、その体が、それ自体の性格や野望をもった生身の実体であり、長きにわたって生き続けることができるかのように。心理学者は、集団には高い実体性があると言う。実体性とは、実体としてとらえられる属性のことである。[3]ニュルンベルクで旗や音楽が多用されていたように、シンボルを圧倒的に誇示することが実体性を高める。[4]そうした装飾を施された外国人は、よりまとまりがあるように見えるばかりか、いっそう有能で（だから潜在的な脅威が強まる）、威嚇的で、したがって信用ならない（心理学者は温かみが少ないと形容する）ように見える。集団の強さや競争力についての私たちの評価が、その次に、その集団を敵とみなすのか、それとも味方とみなすか、あるいは困窮して頼ってくる者とみなすのかに影響を与える。[5]

ニュルンベルクの華やかな祭典を考案した者たちは、外の世界に感銘を与えてきっと満足しただろうが、計画の肝は、ドイツ人と国家との一体感を強めることだった。もちろん参加した人々は、この催しのすべてに夢中になった。実際のところドイツ人たちは、外国人の心のなかで起こったのとまったく同じような変容を体験したことだろう。ただし、その結果はちがっていた。今日の人々はたいていの場合、個人としての貢献や独自性のある考えを通じて社会との一体感を表現するが、統一された群集の一部に含まれているときには、ひとつのさやのなかの豆粒であることとの喜びのほうが勝る。群集に加わった者たちは、自分の個性を表現したいという心理学的なふだんの欲求を脇に置き、仲間とのちがいを忘れ去り、結合した全体のうちのひとりであるという感覚が自身の血管のなかを流れていくのに任せるのだ。

　自分の属する社会を具体的な実体としてとらえることは、パレードや花火があり、旗が振られるような、あらゆる国家の祝典によって培われる通常の感覚だ。[6]人は、何かに属する必要に迫られている幼い頃から、この感覚をもつようになる。自分に似た人々と一緒にいる心地良さは、成長するにつれて、自分の属する社会との結びつきへと変化する。[7]いっそう大きな何かの一部であるという感覚から、私たちは、他のメンバーたちを個体化していてもいなくても、自身と彼らとの共通点を過剰に評価するようになる。また、その感覚によって、自身の社会と、はるかに均質的に見える外部の社会との区別が明確になり、外部の者たちが私たちを脅かしたり怒らせたりすると、彼らの顔がいっそう同じものに見えてくる。一方、細かな点に注意を向けないでいるために、集団がそれぞれに団結しているという印象がいっそう強くなる。

　権力者は実体性を強める一因となる。ニュルンベルクではヒトラーがドイツ人にとってそうであったように、極端な場合にはリーダーが、他の全員の象徴であり、アイデンティティを具現化したものとなる。同様に、外国についても、その国のリーダーが社会の代表であるとみなされうる。こういう見かたをすることで、ステレオタイプのバイアスが強化され、よそ者をコピーとして扱うようになる。指導者が原本で、そこからコピーが印刷されると受け止めるのだ。

このようにコピーとみなすにあたって、彼らが実際に似ているという事実は必要ない。ある国籍や民族集団に属するすべての人たちがまったく同じだと想定していれば、敵意をもったひとりの人に出会ったら、全員が敵意をもっていると予測しがちだ。まず、最初の接触によって、ある人がその人の属する社会を代表していると受けとられる。社会のリーダーが国際的な場において国を代表するように。これはとりわけ、私たちが嫌うあらゆる性格的な特徴について言えることだ[8]。自然界にある脅威について一般化をすることと、まったく同じからくりなのだ。一匹のハチに刺されたら、すべてのハチは刺すものだと判断するのが最も適応的である。ハチはたたいて殺すべし。人間の社会も生物の種のように扱われることがある。同じような単純な反応を示し、ときには部外者にとって有害なものとみなすのだ。刺されるよりは用心したほうがよい。

社会が自己になる

しばらく一歩退いて、社会との抽象的な関係から最も個人的な関係までの、人間がもつとてつもなく幅広い関係性のなかで、社会がどこに位置するのかを確かめるとよいだろう。集団の大きさによって、うまく作用する関係性の様式は異なる。関係性の様式と集団の大きさは、とても古い時代から人間の相互作用にとって重要なものであり続けている[9]。最も親密な関係は、夫婦や上司と部下など二人一組の関係だ。それから、ある作業を一緒に行なう少人数の関係がある。狩猟採集民にとってその関係は、植物を採集したり獲物を狩ったりするパーティであり、現在では、職場で共同作業を行なう基盤となる少人数の関係がそれにあたり、そのなかで目的を達成するために決定を円滑に下さなくてはならない。「この塊茎はどこを掘ればある？」が、「この車をどうやって売り出そう？」になっていったのだ。

その次が、二十数人から三十数人で構成される原初の狩猟採集民のバンドで、今日では数的に、学校のクラスや会社の部署や趣味の集まりがそれに相当する。こういう集団では、対立が起こったときの対処がいっそう難しくなるだろうが、一人ひとりをきちんと知っていることから、まだなおしっかりとした結びつきがある。バンド社会にたいして忠誠をもつ人数は数百人から数千人だったが、現在ではその規模の社会的な集団は、教会信徒や大規模な会議、学校などであり、これらはいっそう幅広いコミュニティにおいて情報と資源をやり取りするための中核となる。このレベルまでくると、集団の規模は、個人として関係を築くどころか単に知り合いになれる人数をはるかに超えている。そうする代わりに、匿名の集まりのほとんどのメンバーは記号《シンボル》を用いてアイデンティティを確認する。

学校のクラスが狩猟採集民のバンドと同等であると言うのは言いすぎだろう。ましてや、大きな会議がバンド社会と同等だとするのは確実に言いすぎだ。それでも、クラスにおける親しいつながりを心地良く感じることや、一〇〇〇人の熱心な参加者たちと会議に出席しているときに感じるもっと漠然とした喜びは、初期のバンドや社会において、私たちの心理がどのようにつながっていたのかを反映しているのかもしれない。ともかくどんなに大きくなっても社会というものは、外部の個人も含め人々が統一された全体の一部として知り合う条件を提供することにより、ほとんどの人にたいして第一義的な影響力を保ち続けている。

だから人は、仲間のメンバーたちと、実体としての社会、すなわち単なるメンバーの合計よりも雄大な実体としての社会の両方を重要だとみなす。[10] 私たちは、自分が属する社会は有意義な過去をもち、自分自身が、社会が継続するために役割を果たしていると考える。社会の伝統や法やその他もろもろを、未来まで伝えていく役割を担っているのだと。[11] 人々は、子孫を通じてだけでなく、こうした団結を通じても生き続けるという感覚をもつと言ってもいいだろう。国への愛が、不死への道に代わるものとなっている。[12] 二〇世紀初頭に活躍した民族誌学者のエルスドン・ベストは、ニュージーランド先住民が使う表現について次のように伝えている。

マオリの慣習について研究するときには、彼らは自分の部族と完全に一体化しているので、いつも第一人称を使うということを念頭に置いておくとよい。おそらく一〇世代前に起こった戦いについて語るとき、「私はそこで敵をやっつけた」と言うが、私とは、部族の名前の意味なのだ。[13]

だから、自国の兵士が戦死すれば、悲嘆や怒りや恐れといった反応を見せる。オリンピックで自国チームが勝利すれば、純粋にチームを思って喜ぶだけでなく、自分たち自身も試合に勝ったような気持ちになって感激する。[14] 同じ国の人間であるということから、誇らしい気持ちと、強さと栄光といった感覚がわいてくるのだ。この類いの自民族中心主義的な愛は、オキシトシンの作用だとする説明もある。これは、扁桃核から生じる不安を鎮静させ、自分とよく似た他者への共感――これも旗と結びついた肯定的な感情――を高めるホルモンである。[15] そのような一致団結を感じる瞬間は、人の人生における最高潮のひとときにもなる。たとえばアメリカ人は、私たちが月面に降り立った瞬間にこうした親和性をおぼえ、イギリス人は、国王か女王の戴冠式で私たちという感覚をもつ。共有するアイデンティティによって鼓舞されるとき、自分たちのあいだにあるちがいを忘れるだけでなく、集団感情とよばれる作用が働いて、私たちは熱狂し、重なり合い、より親密に引き寄せ合っていると感じるのだ。[16]誰かにどういう気分かとたずねて、とても幸せだという答えが返ってきたとしよう。しかしそのあと、自分の国がテロリストに襲われたというニュースを耳にしたなら、おそらく悲しいとか怒りを感じているとか答えるだろう。集団感情は、人間の自尊心に欠かせない、国レベルでの誇りや注目や活力に注意を向ける。そうして、その人の属する社会が事実上、その人自身の一部になるのだ。

反応がときに伝染病のように波及すると、人々が近くに集まっていればいるほど反応が激しくなる。サルたちが果実のなっている木に集まって興奮したり、競技場を埋め尽くしたスポーツファンたちが感激して喝采したりするように。[17]しかし、今日の大衆は、集団感情や絆を培うことを求められてはいない。もっと小さな規模での一体感で十分なのだ。放浪生活をする狩猟採集民は、複数のバンドが一堂に会するとき、社会と結びついているという感覚が頂点に達したにちがいない。メンバーたちは、品物を交換し特に好ましい者たちと友情を築くだけでなく、もっと根本的なところでは、集まったコミュニティとの一体感をもつことによって連帯感を固めたのだろう。寄り集まることで、集団としての誇りや愛国心といったかたちでの神聖な感覚がもてたと思われる。複数のバンドの人々は、ごちそうを食べ、物語を語り、歌い踊ることで、団結を再確認した。[18]

こうした活動を他の人々と行なう喜びと、自分の個人としての存在を集団に引き渡す喜びは、集団に受け入れられなければならないという一心で行動するために生じるのかもしれない。そうした思いは、人が、尊敬する人たちの話しかたやしぐさだけでなく感情も鏡のようにまねるようすに認められる。この行為は、自分と同じ人種や民族の人にたいして最もよく行なわれる傾向がある。[19]それは意図的なものではなく、部分的には、前運動皮質にあるミラーニューロンによって引き起こされるものだ。

ミラーニューロンとは、自分が行動をしているときにも、別の人がその行動をしているところを見ているときにも活性化する神経細胞である。[20] このふるまいの土台には遺伝子の働きがある。新生児は他の人の悲しみや恐怖や驚きをまねるものだ。[21] 他者を鏡のようにまねることや、集団レベルで感情的な反応を示すことは、興奮したサルの群れなど、他の動物においても認められる。チンパンジーは、映像で見たサルたちの陽気さや怒りに同調する。[22]

ひとつになって行動する

つい最近、私は鐵砲洲《てっぽうず》稲荷神社ですっきりとした一月の空気を味わっていた。その日の朝、私は東京の下町にいた。一世紀前に建てられた鳥居や弓なりの屋根から、下町情緒が感じられる。白い褌《ふんどし》と鉢巻きだけを身につけた一〇〇人以上の人たちが、境内にある氷柱の入った水槽のまわりに集まり、詠唱を始めた。三〇人ほどが水槽に入り、まずは膝さらには腰まで、凍えるほどに冷たい水につかり、舟を漕ぐ動作をしながら旋律のついた祈りの言葉を唱え、それが二重唱になり、次には低音のかけ声になった。信者たちは数分間、冷たい水に浸かってから水槽から出て、次の番の人たちと交替した。

この儀式は寒中禊《みそぎ》として知られている。私は、デューク大学の先進後知恵研究センターに所属するパノス・ミトキディスと一緒に見学していた。この研究センターでは心理学者たちが人間の思考プロセスを研究しており、ミトキディスの場合、困難な状況において人々がどのように一致した行動を取るかをテーマとしている。研究チームは儀式の進行中にデータを集めていて、寒さのなかでも彼は汗をかいていた。

儀式とは、実際的な価値がはっきりとは存在しない行為を何度も繰り返すものである。苦難を通じて集団の統一性を生み出す行為であり、フラタニティの徹底的なしごきもこれに含まれる。私たちは互いの話しかたや感情を鏡のようにまねるだけではなく、思っているよりもたくさんの儀式的なパターンに従っている。人は子どもの頃から、他の人の複雑なふるまいをそっくりまねることが上手くなる。たいていは、自分を集団の一員であると確認すること以外に明確な目的はない。子どもが、格好の良い生徒たちのグループが勝手に作ったあらゆるルールに従うことで、仲間に入れてもらうところを想像しよう。「服の着かたはこうだ」――よし、合格[23]! 本質的ではない細部を正しく行なうこと――儀式を正確に実施すること――は、人間が自身のアイデンティティ、その社会に属しているということを再確認する独特の方法である[24]。

儀式を耐え抜いた人は他の人たちといっそう強く団結するということをミトキディスは明らかにした。寒中禊よりもさらに極端ないくつかの儀式がもつアイデンティティにかかわる力は、ふつうの社会のしるしがもつ力をしのぐ。参加者どうしのつながりを強固にすることで、運命をともにして、危険な共同行為に身を投じるまでにさせるのだ。それほどのすさまじい儀式は、選ばれた少数の人々がごくまれに行なうだけだ。かつて、部族が野蛮な敵と対峙したときにはそうした行動を取ることがふつうだったかもしれないが、今日では、とても苛酷な軍隊の訓練か、実際の戦闘の場でしか行なわれない[25]。カルト集団や暴力団はこれによく似たやりかたで連帯感を教え込む。マフィアなどの犯罪集団はその典型で、何世代にもわたって極端な犠牲的行為を強要する。

いくつかの哺乳類に見られる結集の行為が、人間以外の動物において儀式に最も近いものと思われる。オオカミは結集すると、互いに跳びかかり鳴き声をあげる。ブチハイエナは、尾を立てたまま、ひとしきり体をこすり合わせる。こうしたふるまいによって、他の群れに攻撃をしかけるなど、一頭だけでいるときには避けるような危険を冒そうという気持ちがわいてくる。そうした前置きがなくても、チンパンジーの群れのなかで叫び声が駆けめぐると、襲撃をしかけてきたよそ者のチンパンジーたちを追い払おうと一丸となって動く。[26] こうした勇猛なふるまいは、人間の場合、不連続性効果とよばれるものにおおむね相当するのだろう。他の集団と相互作用している集団は、集団を構成する個人が一対一で相互作用している場合よりも、いっそう競争的で非協力的になりがちだ。[27] もちろん、人間と他の種ではちがいがある。人間はたいてい、そのもとに結集するための何か――たとえば旗――をもっている。ただし、奴隷を使うアリは動物のなかでも例外かもしれない。働きアリたちはフェロモンという旗を共有し、一団となって動き回り、新しい奴隷を捕まえるために行進をする。[28]

あらゆる儀式のなかで最も極端なものは、私たちの心理にあるこの側面を利用して、アイデンティティの融合とよばれる集団感情の急激な具現化を引き起こす。儀式に参加する者たちは、自分自身と集団とそのメンバーたちをまったく同一のものとみなし、夢中に関与しあい、行動規範を厳密に遵守する。[29] 実際、部族集団や狩猟採集民が継続的によそ者と反目しているときには、通常の儀式よりもコストが高くつき、模倣することが難しい儀式を実践する。しばしばこうした儀式から、体につけた傷跡のような、取り返しのつかないしるしが生み出される。彼らの行為を、自身を待ち受けている苦難において体験すると予測される耐えがたい痛みのシミュレーションととらえよう。つまり、仲間たちと一体となって働くために、自分がしなくてはならないことに備えているのだ。

私はアリを専門とする生物学者として、アマゾン川流域北部に住むサテレ・マウェが行なう勇猛な通過儀礼に特に興味がある。その儀式では少年たちが正当な理由によって、サシハリアリともよばれる体長二・五センチの菱形をした恐ろしい生き物に刺されなくてはならない。[30] 私は一度、このサシハリアリに刺された衝撃で倒れたことがある。あまり深く刺されないように、アリの体をこすっておいたにもかかわらず。私の痛みなど、サテレ・マウェの男たちの偉業に比べれば何でもない。彼らは五分間以上、十数匹のサシハリアリに刺される。その激痛は、戦闘でたくさんの傷を負った苦しみにきっと匹敵するレベルだろう。[31] はたしてサテレ・マウェは、戦いを好む部族である。

もちろん、儀式をせずとも互いを助けようという気持ちにはなれる。それもとりわけ危険がいっぱいのときには。みんなの利益のために努力することから喜びや感動が生まれる場合もあるが、危険が降りかかることもある。同じ集団の仲間たちは、集団の方針に反対する人がいくらかいても、ひとつにまとまった反応を示す。たとえば、拒絶されることや臆病者とみなされることを恐れて、自分の意見を表に出さないかもしれない。あるいは単に、一時の興奮に流されているだけかもしれない。個人としては主体性をもつ場合でも、集団としての反応を強化するために個人間のちがいが無視されることもある。[32] 発達心理学者のブルース・フードがそのような状況のことを、「自分にあると思っている自己というものはどれも、他者によって無力化される」と表現した。[33]

だからといって、すべての人が統一性の表明に加わるとはかぎらない。協力や信頼は強まるかもしれないが、全員がそうした姿勢に巻き込まれる必要はない。誰かが公然とちがう意見を述べたなら、旗のもとに集った多数派がそれを問題視するだろう。個人的な見解を主張すると不興を買い、反逆的だと判断されることさえある。忠誠を裏切ることは憎むべき行為であるために、中世ヨーロッパでは皮はぎの刑や割腹に値する罪とされていた。[34] 私たちは皆ここにいるが、もっと厳しいものに変わっていく。私たちに賛成か反対かへと。[35] 降参するか、少なくとも、後から申し開きをするように求められたなら、降参したと言うほうが賢明だ。ナチスの戦争犯罪者たちはニュルンベルク裁判で、自分は命令に従っていただけだと訴えた。こうすることで、自身のより良い判断を捨てて、社会を盲信するだけでなく、社会の行為や、社会のために自身がした行為の罪を免れることになる。

権限をもつ者から指示されて他の人に電気ショックを与えるとき、脳の活動は鈍くなる。これは、命令を受けて行動している人は、行為のなりゆきから感情的に距離を置いているということを示す。[36]指揮者の言葉に耳を傾けるだけでなく、共同の意志に従って集団感情に酔いしれているときには、自身が責めを負うべきだという感覚が完全に消え去るのかもしれない。もしも自分ひとりでした場合なら、その道を突き進んだことへの責任を負いたくないような行為であっても、集団の熱意があれば容認される。[37]私たちは互いに似ていて交換可能であるために、匿名の状態においてますます安全になる。兵士たちの身なりや訓練が画一的であることから、軍隊では責任を集団に引き渡す事象が多い。ニュルンベルクにいた兵士たちのように正確に振り付けされた軍事パレードに参加していようが、戦場の混乱状態のなかにいようが、ふつうの兵士はクローンになるための訓練を受けているので、見分けることが不可能なのだ。

たとえ大衆が、計画や明確なリーダーをもたずに集まったとしても、その行動は、軍隊アリの群れが見せる集団的な行動と同じくらい、人々が集団として見せる創発的な性質をもつだろう。一団となった人々は、個々の人はほとんど何も貢献していないのに、集団自身の意志を通じて目的を達成しているように見える。リーダーをもたない大衆から驚くほど正しい判断が下されることはあるが、それは、条件が注意深く構築された場合、すなわち誰もが他の人から影響を受けずに自分の個人的な好みを主張できる余裕がある場合に限られる。一方で、人々が個人としての意志を引き渡して集団のヒステリーに屈服すれば、暴徒による支配が優位になることもある。[38]集団に加わることで、ふつうは力をもたない人に、組織による暴行や集団殺戮などの圧倒的な力を行使する機会が与えられる。

ユダヤ人は、成功を収め羨望を集める民族（敵対するよそ者から、冷たいが有能だとみなされる）に向けられる典型的な反応に出会い、それはナチスのもとで頂点に達した。ホロコースト以前には不承不承ながら敬意を払われ、事業が保護されていたが、軋轢が悪化するにつれユダヤ人にたいする攻撃が始まった。そして被害者が責任を負わされ、糾弾が激化していった。[39] このパターンは歴史を通して繰り返されている。一九九八年にジャワ島で勃発した暴乱では、華人がよく似た理由から襲撃された。一九九二年のロサンゼルス暴動では、韓国系アメリカ人が一種の集団ヒステリーの標的にされた。[40] 集団ヒステリーは、ときに大量殺人にまでエスカレートすることがある。緊張が高まっているときには、理性の働きが関与する余地はほとんどない。[41] そのようなときに、ふつうの人々がいかに容易に根拠のない理由から他の人に危害を加えようとする気持ちになるかを思うと残念でならない。ルワンダ大虐殺の後、フツの大半が、ツチは良い隣人だったと認めた。この見解を変えさせる後押しをしたのは、ツチを虫になぞらえる風潮が広まったことだけではなかった。残忍な行為を通常のものとして扱うことで、それまでは抑えられていた隠れた偏見が表面化したのだ。そしてついに、虐殺に加わったある人物の言葉によれば、「暴動が始まったとき、それは私たちに突然の雨のように降りかかった」。[42]

思慮深い個人が集まった小さな集団でも、結果はたいして変わらないかもしれない。集団思考が出現し、同胞愛や私たちという感覚を求める気持ちが、正しい解決策を見いだそうという目的よりも優位に立つこともある。[43] 集団が期待することに同調するために、自身が事実をどうとらえているかを誤って表現することもあるのだ。[44]

集団全体としての私たちの行動がときに、外部の人々が私たちについてもっている恐れや偏見を正当化することがあるという悲劇的な側面が人間にはある。実際に、集団になると互いに似た行動をして、ひとつの単位としてふるまうことがある。人々が部品のように交換可能とみなされる状態が最も現実に起こりうるのは、緊張が高まり、パレード中の兵士たちのように密集した状態でいるときだ。兵士のあいだでも私たちの社会においても、そのような緊張が刺激となって協力が生まれるか、少なくとも、社会の行動の方向性にたいする黙認が生じる。その後、私たちの運命は連動している――そして、同様に団結している他者たちの運命とは連動しない——という感覚が強まる。

集団内の他の人々と似ていると感じることは、日常の行動にも影響を及ぼしうる。エクアドルのヒバロは野菜を栽培し獲物を狩っていた。ヒバロにとって、「ちがう話しかたをする」人（すなわち別の部族）を殺し、特別な道具を使って死者の頭部を縮めることは絶対に必要な行為だった。[45]よそ者にたいするこうした残虐さは、近年までのブッシュマン社会が相対的に温和だったこととは対照的だろう。ヒバロが野蛮で、ブッシュマンには情けがあるとみなすのは、まちがいなく、異論を唱える余地のあるステレオタイプだ。それでも、集団レベルで発生するような、集合的性格とよばれるものに実際に存在する差異が、ステレオタイプに反映される場合もある。動物についてもそうであることが明らかになっている。たとえばアリの場合、さまざまな性格をもつ働きアリがいるコロニーのほうがうまくいく（攻撃性や幼虫の世話の程度から判断して）[46]。人間の場合、集合的性格は、より明確な社会のしるしが出現するのとほぼ同じ過程で現れる。これは、社会的な相互作用が繰り返し起こり、一人ひとりの見た目や行動が似てくることとの産物なのだ。イギリス人がアメリカ人より控えめなのはよく知られており、怒りにたいする反発は、フランス人よりアメリカ人のほうが強い[47]。おそらく社会間での気質の差異は、ずっと昔にさかのぼるのだろう。ブッシュマンのクンはグイ・ブッシュマンよりも怒りを表に出し、ブッシュマン全般は、他のアフリカ南部の部族よりも平均すると臆病だ[48]。このような性格的な特徴が出現することから、社会は実体であるという印象がさらに強まる。

さまざまな角度から社会を検討してきたが、心理学におけるひとつの明白な事実には触れないできた。それは、大半の人の幸福の土台は、このうえなく大切な家族にあるというものだ。ここまでに、人間の社会が古代の始まりからどのように機能してきたと思われるのか、そして、人間の心が、同じ社会またはちがう社会の人々にどのように反応するのかを提示してきた。次は脇道にそれて、家族の果たす役割、それもとりわけ社会と関連した役割を調べていこう。

第16章　血縁者という枠組み

社会は単純な核家族――二人の親と、親が養う次の世代の子どもたちだけからなる家族――以上のものであるという主張には意味がある。だからといって、家族と社会にはよく似た心理学的、生物学的な基盤があるかもしれないという可能性が排除されるわけではない。社会はそのメンバーの心のなかで、遺伝子学的もしくは心理学的な意味合いにおいて、一種の拡大された血縁者集団として映っていないだろうか？　さらに言えば、拡大家族という広い意味において、血縁者をどのようにとらえるべきなのか？　家族には、社会にあると思われているメンバー構成や明確なアイデンティティと同じものがあるのか？　生物学的な血縁者について私たちがもっている知識は、どれくらい完全で、幅広く、普遍的で、正確なのか？　そして、自身の家族との結びつきにまつわる論理や感情は、社会との結びつきにも当てはまるのか？

もちろん家族は、人間の日常生活の中心となるものだ。しかもそのありかたは、他の種では見られない。父親は子どものそばにいるものだという一般的な考えを例に取ろう。イルカやゾウ、チンパンジー、ボノボのどれも、自分の父親を知らずに育つ。しかも、両親と子どもたちという組み合わせは、いろいろある家族構成のひとつにすぎない。人間の家族関係は他の動物の血縁関係と比べると迷宮のように複雑だ。人間の場合、親は生きているかぎり、子どもの人生――さらには孫の人生――に関与するばかりか、母方も父方もあらゆる親戚をつねに把握している。自分のきょうだいと両親のきょうだい、さらにはそれらの人々全員の配偶者や子どもたちまで知っている。人間は配偶者と終生連れ添う（あるいは少なくともその努力をする）だけでなく、配偶者との絆によって血縁者のネットワークに結びつけられるのだ[1]。

血縁者ネットワークについて生物学者や人類学者が行なう調査は、人間やその他の動物が見せる社会的行動、それもとりわけ協力と利他的行為の研究にとって重要な基盤となってきた。一九六〇年代には生物学者たちがすでに、血縁選択理論にかかわる一連の研究成果を上げていた。この理論では、種は、血縁者の遺伝子を次の世代に伝えるために有利な行動を進化させるとされている。それ以降、科学者たちは、家族においてだけでなく社会との結びつきにおいても、血縁関係が中心的な推進力となっていると解釈している。人類学者のあいだで支持されている考えにあるように、もしも社会が想像の共同体であるなら、人間の心において社会は家族の拡張体と理解されていることになる。このために私たちは、社会の仲間たちをまるで血縁者のように見るのだろう。

実際に、人々が血縁者との絆を表現するやりかたと、社会との絆を表現するやりかたには、いくつかの共通点がある。それでも、動物界や人間の世界から得られた証拠を見ると、血縁者を把握することと社会のメンバーを把握することは、たいていの場合それぞれに異なる問題に対処して解決策を導き出すために行なわれる別々の作業ではないかとうかがわれる。

自然界における血縁関係と社会

血縁選択理論が成り立つためには、個々の者たちが群れのなかから自身の血縁者を見つけ出せるか、少なくとも偶然にでも血縁者を助けることができるかでなくてはならない。アリなどの社会性昆虫にとって、この点は問題にならない。ふつう社会イコール血縁者だからだ。このような種の場合は集落《コロニー》が、女王である母親と女王から生まれた多数の世代からなる大勢の構成者を抱えたひとつの核家族となる。

しかし、アリのコロニー以外では、社会は血縁集団であるとする考えは疑わしくなっていく。サバンナゾウの少数の群れ《コア》はしばしばまちがって家族とよばれるが、まったくのよそ者を集団に受け入れることもあり、集団の誰かが決定を下せば、そのよそ者はそれ以降メンバーとして扱われる。[2]一般的にはコアは結局のところ血縁者で構成された集団になるものだが、それは集団のたどる経緯の副産物にすぎない。つまり、きょうだいは一緒に成長するので、同じ場所に留まる傾向にある。ハイイロオオカミの群れも家族の場合があるが、彼らもまた、よそ者を恒久的なメンバーとして受け入れることができるということがわかっている。[3]

実際になんらかの血筋があるとしても、一時的な現象にすぎない可能性がある。それは、オオカミやミーアキャットのような種にとっても同じことだ。両者の社会はときに、複数の世代の子どもを抱えた単純な家族から構成されるという点で、社会性昆虫のコロニーに似ている。彼らの群れは結束を保ったまま何世代も継続されることがある。でも注意深く見てみよう。繁殖する雄と雌は、ときに平和裏に、ときには戦いの末に入れ替わる。それから一〇年、二〇年、あるいは五〇年後には、地上の同じ場所にあるひとつの同じ社会が、いろいろな血筋からの血統を次々とこっそり受け入れて、ついには、社会を最初に作った者たちとの血縁関係がまったくない個体だけで構成されるようになる。

ハイイロオオカミとサバンナゾウではときおり、バンドウイルカからゴリラにいたるその他多くの哺乳類では必ず、社会は複数の血筋の血縁者たちから構成される。[4]現実には、血縁関係がまったくない社会もある。ウマの群れにいるおとなはどれも血縁関係にないだろう。その原因は、ウマの社会の作られかたにある。成熟したウマの雄と雌は、ゾウのように子どもの頃からの友と親密なつながりを保つのではなく、生まれた社会から追い出された後に出会った者と親しくなる。おとなのウマは、一緒に育ってきた血縁者とのつながりをすべて失うのだ。血縁選択理論では、動物は血縁者のために命を懸けると予測される。しかし、ウマの社会にいる無関係のメンバーたちは長期間にわたり互いに忠実で、子ウマを襲ってくるオオカミたちに一丸となって立ち向かうこともある。[5]

あらゆる哺乳類の社会のなかで最も安定性の高いもののひとつに、集団のねぐらをもつ大型タイプのヘラコウモリの群れがある。生息地にある洞窟には複数の社会が入っている。ひとつの社会は、おとなになって間もない頃に初めて出会った八頭から四〇頭の雌と、使い捨てにされる雄一頭からなる。雌たちはまったく血縁関係がないかもしれないが、互いを大切に扱う。実際、雌たちは一六年余りの生涯を通じて集団と強い絆で結ばれているので、誰かの赤ん坊がねぐらから落ちたりしたら、母親が助けに来るまでよそ者のコウモリから守ることまでする。[6]

社会には明らかに、血縁関係があるかどうかにかかわらず、個々の動物をひとつにまとめるという利点がある――子どもを守るときなどがそうだ。血縁のつながりがあれば社会に留まる動機が強くなるかもしれないが、社会が効果的に存続していくために必ずしも血縁関係がなくてはならないわけではない。相互に有益な共存が社会の成功への鍵となるのだ。

思春期の雌のボノボやチンパンジーが別の群れへ移動すると、周囲には自身の血縁者がまったくいなくなるが、彼女たちはたやすく絆を形成する（特に顕著なのがボノボ）。[7]反対に雄たちは血縁者のそばに留まるが、最も親密にしている味方は血縁者ではなく、相性の良い者である傾向が強い。社会性の高いチンパンジーどうしや乱暴者のチンパンジーどうしが仲良くなる。離合集散社会では自由に放浪することができるので、こういう都合の良い利点が得られるのだ。[8]

さらに、遺伝子学的に多様な社会においては、人間でも動物でも、血縁関係を解明することが難しくなる傾向がある。赤ん坊と母親の関係について考えてみよう。赤ん坊にとって、家族のなかで母親よりも認識しやすい者はいないはずだ。しかし、この点においても問題がある。赤ん坊は母親を、乳母や祖母、それに子育てをよく手伝ってくれる他の誰かと区別することを学ばなくてはならないからだ。このような育児係は、社会をもち協力して子育てをする多くの種に存在している。人間の場合には解決法がある。赤ん坊は子宮のなかで母親の声を聞いており、生まれてから三日以内に、その声と結びついた顔との絆を作る。[9] 母親以外の近縁者を認識するための、これとよく似た近道はないようだ。父親についても同じである。

ただし、手掛かりはあるかもしれない。家族のメンバーたちがもっている類似点に。たとえばハムスターは、他のハムスターを見分けることができるだけでなく、他の者のにおいを自分のにおいと比べることによって、一度も出会ったことのない近縁者を探り当てることができる。[10] ある研究でチンパンジーが、よく知らない赤ん坊のチンパンジーの写真をその赤ん坊の母親の写真と偶然を超える確率で一致させることができた。[11] それでも、近い血縁者のあいだでも類似の程度にはむらがある。人間の父親はよく知られているように、自分と子どもが似ていると思い込みすぎる。部外者が赤ん坊の親を偶然より高い確率で当てることができるという研究結果があるが、それでもまちがいはたくさんある。[12] 人は成長するにつれ、遺伝的な関連性がありそうに見えるからではなく、この人は誰それだと他の人たちが話す内容や、生まれてからずっと一緒にいることから、家族のメンバーを認識するようになる。

血縁者を見分ける難しさはさておき、血縁関係とは、人間やその他の動物にとってそもそも何を意味するのかという問題がある。人は、母や兄弟のように血縁関係のカテゴリーを概念化する。そして、他の脊椎動物も同じことをしそうだ。それはヒヒについて実証されている。[13]しかし、姉妹と接しているヒヒの頭のなかにあるものは、人間がもつ姉妹という概念とは一致しないようだ。ヒヒは、近縁関係や類似性よりも、助け合うための関係性のほうを重視する。ヒヒたちのあいだの絆は、現実にあるが知ることのできない血筋よりも、深い親しみから生まれる。[14]雌たちは誰でも、ふつうは自分の子どもや、姉妹、母など母系の血縁者を把握している。しかし実際には、雌が母系の血縁者のなかに誰を入れるかは自身の好みに左右されるため、少数の血縁者がその中に入れられず、好感のもてる非血縁者が加えられることもある。[15]

　では、誰が受け入れられるのか？　シェイクスピアは、「自然は動物に友の見分けかたを教えてくれる」ととても上手い表現をした（『コリオレイナス』二幕一場）。動物は、赤ん坊の頃に一緒に母親にまとわりついていた者たちと助け合う関係を築くことが多い。子どもの頃の友だちは血縁者でなくてもよいが、友のうちの一部はおそらく、その時点でまだ母親にくっついていた年長のきょうだいであるか、母親自身のきょうだいや親である可能性が高い。偶然に血縁者を中心とした生活を送るようになることもあるのだ。これは、今後もいちゃつけるかもと期待して、昔のつがいの相手にくっついている雄のヒヒにも当てはまる。その流れで、その雌の子どもの味方をするようになる。その子は、自分の子である可能性がおおいにある。[16]

　しかしたいていの場合、動物は、信頼の置ける社会的なつながりと結びつくのであり、生物学的な家族そのものと結びつくのではない。人間関係の心理を研究した事例からは、人は知人にも血縁にもほとんど同じような対応をして、等しく大切にするということがわかる。[17]ことわざにあるように、友人とは、あなたが選ぶ家族なのだ。この二つのあいだの互換性は、少人数の家族か壊れた家族しかもたない人たちや、同じ世代の家族のメンバーをすべて失ってしまった高齢者にとって、とても重要になりうる。[18]

たとえばバンド社会には多数の家系が含まれており、友情が血縁関係と同じぐらい、もしかするとそれ以上に、社会的な選択を後押しする要因となっている。通例は夫婦が、父方か母方どちらかの祖父母と、場合によってはひとりか二人のきょうだいのいるバンドで子育てをした。それ以外には、親戚たち——兄弟姉妹、いとこ、おじやおばの家族——が社会のなかにあるバンドに散らばっていた。[19] バンドのメンバーたちをひとつにまとめていたのは親和性だった。他の離合集散をする種と同じように、人はうまの合う人を探し求める。[20] 狩猟採集活動を今日でも行なっているブッシュマンのあいだでは、「バンドには目立った個性がある。あるバンドはいつも静かでまじめな人ばかりで、別のバンドには陽気な人が集まっていたり、あるいはユーモアを少々たしなむ人たちがいたりする」と、ある人類学者が一九六〇年代に記している。[21] もちろんどのバンドも、メンバーの個性が画一的なわけではなかった。他のどのような社会集団とも同じく、バンドも、誰にも好かれていないのけ者を抱えることがあった。たぶんその人の親戚が同じバンドにいて、恥ずかしい思いをしているのだろう。

それでも人間にとっては、他者を近しい血縁者とみなすかどうかにあたっては、距離的な近さが決定的な心理学的要因になりうる。人は、子どもから大人になる期間に頻繁に接していた人とはセックスを避ける傾向がある。これは、近親相姦を回避するための経験則として作用しているようだ。[22] 放浪する狩猟採集民でさえ、自分自身のバンドからある程度の距離のあるバンドのメンバーと結婚をする傾向があった。そこなら血縁者がいない可能性が高い。[23]

人間関係のIQ

人間と他の動物とのあいだの明らかなちがいは、赤ん坊が言葉をおぼえ始めると、家族にどういう人がいるかだけでなく、その人たち（めったに会わない血縁者も）が家系図的にどういう関係にあるのかも教えることができるというものだ。[24] まさしく、最も古くからあり広く使われている言葉がママとパパだろう。生後六カ月の赤ん坊なら、両親にたいしてこの二つの言葉を正しく使える。[25] しかし、その言葉の背後にある意味は後からわかってくる。まず、他の子どもたちにも別のママやパパがいるということを知るのだ。

　驚くことに、幼い子どもはそうした関係をあまりよくわかっていない。十分に大きくならないと、言葉を用いて人と人との関係を複雑に表して、誰と誰がつながっているのかを理解することができない。おじのような概念を理解するには何年もかかるものだ。血縁関係を正しく理解することは、子どもにとって九九を記憶するくらい骨の折れるものかもしれない。ただし、九九は算数が教えられている土地ならどこでも同じだが、血縁について学ぶ内容は、自分の属する社会が求めるものによって変わってくる。血縁関係を認識することがどれくらい複雑であるかは、歴史のなかでも文化によっても変わりうる。近代英語（一五〇〇年以降の英語）では、いとこは父親の兄弟の息子か、母親の姉妹の娘であったようだが、中英語（一一五〇年から一五〇〇年くらいの英語）では別々の言葉で区別されていた。社会のなかにおいても、血縁関係についての理解は、当人の家族の大きさや親密さに応じて異なる場合もある。少人数の家族や親戚と疎遠な家族をもつ人たちは、他の人々が当然のこととみなす関係を区別するのに苦労するかもしれない（「またいとこ？　それって一体なに」）。家族関係の専門家であるハーバード大学の生物学者が、こんなうまいことを言っていた。「自分の父親が誰であるかを知っている子どもは賢い子だ。父親の半いとこ（祖父母の一方が同じいとこ）を知っている子どもはもっと賢い」[26]

科学者たちが血縁関係を重視していることから、どれくらいの数の人たちが家系図を把握する才能をもっているのかを知りたくなる。血縁者についての知識を測るIQテストがあれば、何人くらいが合格するだろうか？　昔から有名な入り組んだ歌詞の歌『僕は僕自身の祖父（I'm my own Grandpa）』は、歌い手の父親が、歌い手の妻が前の結婚で産んだ、歌い手にとっての義理の娘と結婚するところから始まる。ややこしい出来事が続き、優しい声の歌い手は題名に込められた事実に到達する。歌詞を追っていくと私は頭が痛くなる。他の多くの人たちも、この歌をはじめとする人間関係のIQテストに不合格になるのではないだろうか。

血縁関係についての詳細な知識は、人間の生活にとって不可欠なものではなさそうだ。1か2より大きい数を表す言葉をもたない部族と同じように、社会によっては、血縁関係のもつれを解き明かすことにあまり関心のない社会もある。少なくとも、そうした関係性を自分たちのもつ語彙で伝えるという点については。ポリネシア東部のいくつかの地域に住む人々は、家族関係を表す言葉をわずかしかもたない。アマゾンに住む園芸民のピラハはさらに最小限の言葉しかもたない。両親と、四人の祖父母全員と、八人の曾祖父母全員を表す言葉はひとつしかない。子どもを指す言葉はひとつだけで、それは孫やひ孫にも使われる。また、きょうだいを指す言葉は、親のきょうだいや、きょうだいの子どもにも使われる。ピラハの言語には、どうやら再帰がないようだ。再帰とは、「ある人の母親の父親の母親」のように一種の輪を作る構造であり、遠い血縁者を表すために必要となるものだ。[27]

言語がこのように単純で、カテゴリーを表す名前がなくても、ピラハは、家族のメンバー内でのちがいをわかっていないわけではなさそうだ。証拠が手許にあるわけではないが、おそらくアメリカン・インディアンも、姉妹といとこを区別する特定の言葉はもっていないが、年齢とその人を産んだ人から、家系のどこに当てはまるのかを直観的に理解しているらしい。あるいは、いとこのようなカテゴリーはピラハにとって不可解なものなのかもしれない。ニュートンが重力という言葉に意味を与えるまでは、ほとんどの人々が重力に気づかないでいたように。たとえば数のように、それを表す語彙をほとんどもたないようなカテゴリーを理解するのにピラハが苦労していることから考えると、こちらの説はもっともなものに思われる。[28]

重要なのは次の点だ。大半の社会において知っているべきと期待される血縁者を把握するには何年もの訓練が必要であるのに、生まれたばかりで話すこともできない生後三カ月の赤ん坊が、社会や民族のメンバーを巧みに見抜く。幼い子どもにとって血縁を理解するのが難しい実際的な理由は、血縁者が明確な境界のない集団であるからだ。一世代さかのぼると、さらに多くの血縁者が必ず加えられる。このことは、人間の進化において社会が重要であることの証しとなる。最も近い血縁者だけとは限らない家族ではなく、社会こそが、私たちの心的世界に不可欠な要素なのだ。

架空の血縁関係から拡大家族まで

素晴らしく高い人間関係のIQをもつ人でさえ、実際の家系図についての知識には限界がありそうだ。親戚についての記憶はふつう、当人が生きているあいだに生きていた人たちについてのものに制限される。たとえば、子どもの頃に会った祖父母の思い出などに。それよりも遠い先祖について多くを思い出せる人はほとんどいない（何か自慢できるようなことをした人を除いて）。祖先を崇拝する社会でも、家系に精通することを求められることはめったになく、先祖全般を敬うように教えられるくらいだ。

大半の狩猟採集民バンドでも、厳密に生物学的なつながりのある人を知ることはあまり重視されない。そのような情報をもち続けることがなさそうなのは、過去や過去の人々との関係が希薄だったからだ。[29] 先祖について口にすることは、ブッシュマンにとって縁起の悪いことであり、多かれ少なかれタブーとされていた。そのために、遠い血縁関係について知ることがあまりなかったのだろう。オーストラリア先住民は死者のことを絶対に口にせず、そのために死者は一世代のあいだに忘れ去られる。なんと、一部のアボリジニのあいだに見られる言語の変化には、ある人の名前と偶然に似ている単語は、その人の死後、使うことを避けなければならなかったという驚くべき背景があった。そのために、新たな単語を考案しなければならなかったのだ。[30]

狩猟採集民にかんするかぎり、文化やその他のしるしのほうが遺伝より勝っていた。いくつかのアメリカン・インディアンの部族では、戦いで手に入れた子どもを家族の養子にすることができた。そうすることで、部族における将来の戦士の数を増やしていたのだ。養子になった子どもたちを部族に結びつけたのは血ではなく、周りの子どもたちと一緒に部族のやりかたを学び、それを守ることだった。このように混ざり合って育てられることから、家族と社会の両方が文化的には画一的であっても遺伝子学的には多様だったということがわかる。[31] 血筋が重要視されている場合でさえ、集団の歴史をでっち上げることができるのと同じように、血筋を作ることができた。明確な血統を主張している中央アジアの部族において、実際には、部族内の血縁関係は部族外も含めた住民全体のあいだのものと同程度でしかなかったことがわかっている。[32]

それでも狩猟採集民のあいだでは、血縁関係にかかわる専門用語が、ある役割を果たしていた。バンド社会には、架空の血縁関係、ときには文化的血縁関係とよばれるものがよくあった。これは、それぞれの人に他の人々との象徴的な関係を与える手法だ。そこで人々は、同じ社会のメンバーたちに話しかけるときに父やおじなどといった呼び名を用い、すべての父やおじたちは対等に扱われた。[33]このことが、ブッシュマンが遺伝子学的な親や祖父母やきょうだいなどの近親者を重んじてはいても、彼らの言語に家族を表す言葉がないことを説明する理由になるかもしれない。[34]ブッシュマンが血縁者について語るとき、必ずしも血のつながりのある者を意味してはいなかった。彼らの頭のなかにしばしばあったものは、共有される名前が与えられている者たちだった。その名前は、こうした架空のつながりを指していたのだ。男は、いかに関係が遠くても、自分の姉妹の名前をもつ女とは結婚できなかった。架空の血縁関係がもつ主な意義は、社会的なネットワークを維持するところにあった。このネットワークは、結婚などの大きな問題から、誰が誰と贈り物を交換すべきかといった比較的ささいなことがらまで、あらゆることにかかわるルールをもとに成り立っていた。人間関係についての狩猟採集民のこうした考えかたの形跡はいまだに残っている。血縁でない人のことを「まるで彼女が家族であるかのように」と描写するときなどに。

遠い血縁者にはあまり多くを投資しない理由はひとつに、遺伝子学的に判断すれば近親者だけが大事であるからだ。[35]社会的に言えば、親戚《リラティブ》とは、まさに関係《リラティブ》のある人である。私たちは皆、ある程度の関係がある。血縁は、非常に近しい家族のつながりを超えて、DNAを共有するという意味において、集団全体へと溶け込んでいく。それも急速に。計算すれば、いとこは家系の遺伝子を一二・五パーセント共有し、またいとこではわずか三パーセントになるのがわかるだろう。ある地域からランダムに二人を抜き出しても、ただの偶然で、これくらいのわずかな遺伝子を共有していることもあると思われる。したがって、人間がもつ人間関係IQはどれも、少数の近親者だけにたいして発揮されるものでありそうだ。

しかし実際には、私たちが誰を家族とみなすかは文化の影響を受ける。一例を挙げると、ラテンアメリカ人の多くは拡大家族におおいに依存している。[36] それでも、近親者以外も含む家族のメンバーに誰が入るかについての絶対的なルールを設定している文化はほとんどない。たとえば、自分の家族について語るときに、自分が口にするいくつかの名前が、自分のいとこのうちのひとりが口にする名前と完全に一致するとは思わないが、いくつかは重なるだろうと予測できる。それでも、血縁関係の幅広いネットワークとのつながりがあれば、血縁者たちが助け合わなくてはならないときに、生き残りや生殖において有効だろう。もちろん、親戚でない人のあいだにも助け合いはあるし、同じくらい当てにされることもある。「家族のように互いを扱う」という表現がよく使われることは、そのような協力が、軍隊や宗教の信徒たちなど結束の固い集団のメンバー間でいかによく見られるかを表している。[37] そのような助けが、遺伝子学的に近しい家族のメンバーから簡単に、そして安定的に得られると言うのは正しくない。あなたも兄弟や姉妹とけんかしたことがあるだろう。忙しい両親の注意を惹こうと張り合うときにはよくあることだ。[38] ディケンズは『荒涼館』で、「偉大な人物にも貧しい親戚がいるという憂うつな真実」について語っている。しかも、家族全員が立ち上がって、ケチな身内をこらしめようとする例もある。そのために、家族の義務から逃れることが難しくなる。ほとんどの人にとって、不愉快なことがあろうとも、血縁者は死ぬまで血縁者なのだ。[39]

狩猟採集民のバンドで実際の血筋がこれほどまでに重視されていなかったのなら、現在あるような、拡大家族という関係性への執着や依存はどこからやってきたのか？　狩猟採集民が、自分で運べる以上の物を所有しないという生活様式を捨てたとき、家系図が関心の対象にのぼってきた。社会的な地位と物品を受け継ぐ立場にある定住者には、自身の家系図を知りたいというもっともな理由があったのだ。[40] 同様に、産業化された社会においては、分かち合う富がある場合に拡大家族が最もよく大切にされている。[41] また、こうした社会の大きさそのものが、人が確実に幅広い人間関係を築けるかどうかに影響する。血縁者のネットワークは、人が幅広い人間関係を築くときに必ず利用できるものなのだ。拡大家族というものを考案する――さらには、そうした関係を把握して尊重する――という学んで身につけられる技術は、人間の進化において最近になって付加された。この技には複雑なコミュニケーションと学習が必要とされ、それぞれの社会が期待することがらによって大きく変わってくる。

人間の社会との関係はひょっとすると、心のなかでの誤記、つまりは血縁者をまちがって心的に表象したものなのだろうか？　それではまるで人々が社会を、愛国歌（「アメリカ・ザ・ビューティフル」）の歌詞にあるように、海原から輝く海原まで《フロム・シー・トゥ・シャイニング・シー》延びる大きな家族と取りちがえているかのようだ。[42] 一部の狩猟採集民は確かに、社会を血縁関係としておおまかにとらえていたと思われる。彼らにとって架空の血縁者という概念は、社会全体を理解するために作られたものだった。個人それぞれが、血縁者を指す用語を使って自分以外のメンバー一人ひとりを特定できた。[43] そのような普遍的な血縁関係は、兄弟の仲《ブラザーフッド》のような言葉にかすかな名残を留めている。この言葉には、すべての人を血を分けた存在であるかのように扱うという精神が凝縮されている。[44] しかし、これまでに見てきたように、狩猟採集民のなかで血縁関係は本当に隠喩であり、血とはほとんど関係がなかった。そして彼らの社会はさらに血との関係が薄かった。

人間の場合、社会とは、基本的に関係の遠い人々からなるものである。小さな部族の「母なる国」でも、昆虫にとってのコロニーのように、ひとりの母から生まれた子孫だけで構成される社会はひとつもない。社会の成功が、血縁選択理論と、母である女王と、娘の働きアリたちの遺伝子学的な密接な関連性のおかげであることが多い社会性昆虫の場合でさえ、それでも女王は複数の雄と交尾し、父親の異なる子孫を産む。さらに驚くことに、たとえばアルゼンチンアリの社会は、まったくもって緊密な家族ではない。巨大なスーパーコロニーには、遺伝子が異なる複数の女王がいる。しかも、アリが近親者を特に好んだり、どの女王が自分の母であるとか、どの個体が自分のきょうだいであるとかを認識したりすることも一切ない。他のどのアリの種とも同じように、血縁関係ではなくコロニーとの一体感をもつことが、それぞれの働きアリの行なう仕事の中核をなしている。[45]

人間の社会は家族の関係を単に大きくしたものだとする考えは正しくないのではないかと私は思っている。だからといって、人間やその他の種において最初に社会が出現したときに家族の絆がひとつの役割を果たしたという可能性が排除されるわけではない。社会の萌芽となる小さな光は、チンパンジーやボノボと人類が初めて分岐した時点よりはるか昔に私たちの祖先の前に出現し、おそらくは原始的な類人猿が、自身の子どもへの愛情を友好的な関係にある他の子どもたちにも延長させたときに作用し始めたのだろう。[46] 霊長類は女王アリほど多産ではないために、集団の大きさを一家族よりさらに大きく拡大しなくては、攻撃的なよそ者を追い払うなど、集団生活の最大限の利点を手に入れることができなかったのかもしれない。一部の人類学者は、社会や民族を識別するしるし（服装や髪型など）は、家族のメンバー間に見られる類似点の代用物であると主張している。[47] 私としては、血縁者どうしがつねに似ていることがまれなことからすると、この意見には説得力がないと思う。それでも、深い歴史的な視点から見れば、社会は一種の祖国を象徴するものなのかもしれない。

結局のところ、血縁関係に強い力があることは否めない。近しい血縁者への深い関与は、社会への深い関与と同じく、脳の物理的な作用のなかに深くしみついている。とは言え、社会と家族は、本質的に異なる生活の側面に関与するということを知っておく意義がある。血縁への注目を少しだけ減らし、社会の心理学的、生物学的な基盤にもっと注目するという軌道修正を施すことによってこそ、科学は恩恵を受けることができるかもしれない。

ここまでで明らかになったように、社会についての人間の心理は非常に広範で複雑である。これまでの数章において、社会のメンバーがどのようにして本質をもつ者として登録され、生物学的な種に相当するものになっているかをひもといてきた。さらには、そうした認識のうえで、他の人について、容赦のない、そしてバイアスのかかった評価が非常に素早く下されることについても調べてきた。私たちのもつバイアスは、人々の感情面での度量や、人々の「種類」全体としての温かみや有能さを、どれくらい人間的であるか、もしくは動物的であるかとみなすところまで及んでいる。また、集団全体のレベルにおいてもこういった評価がなされていることも見てきた。私たちは、個々の人のあいだのちがいに目を向けずに、他の社会のメンバーたちを、類似性があり、しかも統一された全体を形成しているとみなす傾向がある――自分自身の社会のメンバーについてもそこまでではないが同様に。最後に、家族についての心理が自身の社会についての認識と関連することについて検討し、人間にかかわることがらに家族と社会の両方が及ぼす影響を確認した。そこでたどり着いた結論は、生物学的な血縁関係には家系で共有される遺伝子という確固たる基盤があり、一方で社会は純粋に私たちの想像によって作られた共同体であるにもかかわらず、人間の精神と思考において根本的で不可欠な役割を果たしているというものである。

そうなる理由は、誰が社会のメンバーとして扱われるべきかについての選択が、その人がたまたま血縁であろうとなかろうと、生き残るのに非常に重要なものになりうるからだ。人がよそ者であると認識されると、すべてが白紙に戻される。社会間での競争――および協力――の可能性が、次に取り組むテーマだ。

第6部　平和と対立

第17章　対立は必要か？

ウガンダのキバル国立公園を霊長類学者リチャード・ランガム率いる研究チームと歩いたとき、初めて野生のチンパンジーに出会った。頭上からチンパンジーの叫び声や鳴き声が聞こえてきて、心臓が飛び出しそうになった。背の低い木々の上に、黒い影の拳《こぶし》のようにぬっと伸びているイチジクの木の上で、一〇頭以上のチンパンジーたちが曲芸のような身のこなしで果実を探している。チンパンジーの体はずんぐりとしていて、思っていたよりも怖かった。それでも、手をつないだり追いかけ合ったり抱き合ったりしているようすは可愛らしかった。フラタニティのパーティーのようでもあり、禅の集会のようでもあった。まるで旧友たちと再会したような穏やかな気分になっている自分に驚いた。

ランガムの著書『男の凶暴性はどこからきたか』（山下篤子訳／三田出版会）や、ジェーン・グドールの著作など、持参した参考資料を読むと幸福感がしぼんでいった。比較的平穏な時期が長年にわたり続いていたタンザニアのゴンベ国立公園で一九七四年に大量殺戮が始まったときにグドールがどれほどの衝撃を受けたかは、私には想像することしかできなかった。チンパンジーのある群れが別の群れのメンバーを少しずつ手にかけ、それが一方的な四年間にわたる戦争へと発展したのだ。チンパンジーの暴力性は、人間の行動にある最悪の側面を思い起こさせた。社会のメンバーたちが、多くの場合は知りもしない者たちに向かって一斉に立ち上がり、暴力を用いてよそ者を攻撃することについての良心の呵責を捨て去るという性質である。

　このような暴力をふるう可能性をもつことが、人類をチンパンジーやその他の種と結びつける糸となっている。「悲しいかな、良き愛国者になるためには残りすべての人類《マンカインド》の敵にならなくてはならない」とヴォルテールは書いている。この言葉には多少の真実が含まれてはいるが、ここまで言い切るのはやりすぎだ――少なくとも人間の場合には（パン属（日本語ではチンパンジー属）と分類されるチンパンジーは、残りすべてのパン類《パンカインド》とつねに戦うつもりがあるようだ）[1]。資源を獲得し迫害者を引きずり下ろすための手段として、攻撃や忍耐、集団間の協力などさまざまな選択肢をもっている人間は、他の種とちがって順応性が高い。人間がどのように社会との一体感に影響を受け、こうした手段のうちのどれかを選び、平和のための条件を整えるのかが、第6部のテーマである。本章では社会間の殺戮や暴力に注目していくことから、これまでの数章よりも頻繁に自然界に立ち戻り、人間の行動についての洞察を拾い集めていく。私たちの過去にある陰の部分に興味をかき立てられはするが、本当に知りたいのは、人間の社会が暴力に行き着く運命にあるのかどうかだ。

　ゴンベでの殺戮騒動が目撃されるまで、記録されていたチンパンジーどうしの対立は社会の内部での事例だった。雄どうしは社会的な地位をめぐって戦うことが知られており、ときには死にいたることもあった。また後からわかったことであるが、雌は、ライバルの雌の子どもを殺すこともあった。チンパンジーの社会と社会のあいだでの暴力を目にした人がひとりもいなかった、という単純な話ではない。大半の人々がチンパンジーに社会は存在しないと考えていたのだ。チンパンジーが厳密に定められた縄張りの境界線のなかで生活していることにも、ましてや、自分たちの空間を非情なまでに守っていることにも気づいていなかったのだ。[2]ここで、既視感をおぼえるのではないだろうか。霊長類学者がチンパンジーの群れに最初は気づかなかったという話から、昆虫学者がアルゼンチンアリはおそらく平和な種だろうとみなしていたことが思い起こされる。アリたちが縄張りの境界線上で大量に殺し合っていることが発見されるまでは。日常の生活では、メンバーで構成される社会というものがいつも目につくとはかぎらない。だから社会は、非常に重要なものでありながら、容易に見落とされがちなのだ。

途方もない残虐行為

社会間の攻撃は、社会のメンバー間でふつう見られる攻撃とはまったく異なる。群れの内部での攻撃は、主として一対一の戦いであるが、ときには数頭で徒党を組んで一頭を痛めつける。ひとつの群れのなかで、それぞれに多数を抱えた二つの集団どうしが戦うという事例は、これまでに報告されていない。たとえばチンパンジーの少数の群れ《パーティ》は、自身の群れ《コミュニティ》のなかにいる別のパーティに近づくときには警戒するかもしれないが、敵意を見せることはない。集団での暴力の標的になるのは、外部の社会なのだ。

チンパンジーの場合、そのような暴力は急襲のかたちで、近隣の者たちに向けて解き放たれる。社会の構造が離合集散であるため、チンパンジーは攻撃に弱い。音から判断して、抵抗しそうなくらいに大きなパーティには急襲をしかけず、その代わりに、たまたま単独でいるところを見かけた相手を、雄であれ雌であれ標的に選ぶ。どうやら、襲いかかる目的は攻撃そのものであるようだ。チンパンジーは腹を空かせているようには見えず、攻撃の手を止めて食べることもない。敵がそのような襲撃を実行し、無傷のまま引き上げるのを防ぐために、境界線に沿って見張りが巡回する。ときには音を立てずに動き、ときには威圧的にふるまう。見張り部隊も急襲部隊もほとんどすべてが、縄張り意識が高く競争心が非常に強い雄で構成されている。[3]

襲撃はとつぜんやってくる。侵略者たちはよそ者を殺し、ゆっくりと時間をかけて標的にした社会を弱体化させ、ときには全滅させる。ちょうどゴンベで起こったように。ほぼ雄ばかりで構成された侵略者たちは長い時間をかけて、隣接する縄張りにまで社会の勢力範囲を拡大し、子どもたちを育てるために食料の入手ルートを改善し、もっとたくさんの雌の注意を惹きつける――敗けた集団で生き残った雌を一頭か二頭、群れに加えることもある。[4]

社会間の対立は力を試す場であり、原則として暴力を用いないという動物もいる。ワオキツネザルの群れは、たたいたり突進したり大きな声をたてたりして対決し、雄は尾をばたばたさせて相手を威嚇するにおいを漂わせる。ミーアキャットは、尾をピンと立てた姿勢で向かい合って飛び跳ねるという戦いの踊りをする。ただしこれらの種でも、両者の力が拮抗していてどちらも退却しなければ、事態は悪化する。敗者は負傷するか殺されるかし、ときには財産を没収される。暴力を際限なくふるうという点においてチンパンジーに似ているのは、わずかな数の種だけだ。ブチハイエナの群れやハダカデバネズミの群れのあいだの戦いが大量殺戮に発展することもあるが、攻撃手法がチンパンジーに最も近いのは手足の長いクモザルだ。これもまた離合集散を行なう種である。クモザルは雄たちが集まって近隣の群れを襲撃する。樹上生活をする動物にとってはめずらしく、一列になって地上を歩いていく。[5] しかし、純粋な残酷さという点でチンパンジーに最も匹敵するのはハイイロオオカミだ。オオカミはいつでもよその群れのメンバーを殺す。たいていは、獲物を探して大胆にも別の群れの縄張りに入り込んだときにそうする。[6]

オオカミはよその群れのメンバーを殺すとき、ヘラジカを仕留めるときのように首を素早く嚙むことはしない。私がイエローストーン国立公園のオオカミ研究者のもとを訪れたとき、オオカミの群れが、別の群れの年老いた雌とその友を殺したばかりだと聞かされた。二頭とも腹と胸を嚙まれて死んだ。どうやら、何時間もかけてやられたようだった。ゴンベで起こった暴力沙汰についてグドールは「途方もなく残虐な攻撃が集団で行なわれた」と回想した。「群れのなかでは決してしないが、獲物を殺すときにはするようなことを、同じ種のチンパンジーたちにした」[7]。この表現は控えめだ。チンパンジーやオオカミがよそ者に向ける残虐さの程度は、獲物をしとめたり、群れのなかでライバルを殺したりするときの残虐さの度を超えている。

人間の社会間での対立は極端なまでに邪悪なものになる。たいていはいつでも、そこまで行き着く。狩猟採集民のあいだで大昔に起こった大規模殺戮の証拠が、スーダン北部のジェベルサハバにある古代の墓地に残っている。そこでは、およそ一万三〇〇〇年前から一万四〇〇〇年前に五八人の男女と子どもたちが埋められた。一人ひとりが一五本から三〇本の槍や矢で刺されてから。そこまでしなくても人は殺せる。ということは、この集落は残酷に壊滅させられたのだろう[8]。アボリジニについても、残虐な戦闘で殺し合ったという話が残っている。あるときには三〇〇人が殺されたという。大昔のヨーロッパの記録では男女が「猛烈に見境いなく血まみれになって戦い……争いは二時間にわたり間断なく続いた」とある。最後には勝者が敗者を野営地に引きずっていき、そこで殴り殺した。記述は次のように続いている。「死体を衝撃的な方法で切断した。フリント製石器や貝殻や斧で手足を切り落とした」[9]。どの時代にも戦士たちは、縮めた頭部や、頭皮、性器など犠牲者の体の一部を記念の品にした。たいていの場合その目的は、外部の集団の生命力を捕獲することによって自分たち自身の本質を強化することだった[10]。針山に針を刺すように大量の矢を射ったり、無残にも体を切断したりすることから、イエローストーンでのオオカミの殺戮や、チンパンジーたちが獲物にするようによそ者をたたきのめすといったグドールの描写が思い起こされる。相手への侮辱が相手を悪魔とみなすことへと変化したとき、ふつうなら病的なほどの暴力が標準的なものとなる。そして、時がちがえば凶悪だと非難されるようなことが、称賛を受ける理由となる。

他の動物の場合でも同じだが、いつどんな理由で攻撃が文字通り過剰な殺戮に変わるのかを理解するにあたって鍵となるのが、集団のアイデンティティだ。近くに暮らす遊動的な狩猟採集民の複数のバンドはきっと、同じ社会に属していて、敵意を見せ合うことはなかったのだろう。[11] もちろん、全員が仲良くやれるわけではないし、個人間の対立が暴力に発展することもあっただろう。しかし、バンド全体が恨みを抱えていることも、社会のなかの別のバンドを敵対する相手とみなすこともなかった。集団での攻撃はふつう、別の社会に向けられた。こうした暴力がどれくらいの程度でどういう形式だったのかについて、人類学者のあいだでは長年にわたり論争が続いている。確実にわかっているのは、遊動的な狩猟採集民は危険性の高いかかわりを回避していたということだ。[12] 彼らの状況は、小さな集落《コロニー》をもつアリたちの状況と似ていた。そうしたアリたちは、恒久的な構造物をもたず、守るべき所有物もほとんどない。よそ者が威嚇してくれれば、逃げさえすればよい。[13] 遊動民がもっと危険な行為に及ぶのは、競争や対立が激しくなったときだけだった。ちょうど一九世紀に、アウエイ（= Au//ei）のブッシュマンたちが攻撃的な近隣の部族を相手に戦うようになったときのように。ジュベルサハバで起こったような大量虐殺は、バンドに属する者たちにとってはめったになかったことだろう――ジュベルサハバには定住地があったと思われる。遊動民たちはチンパンジーやクモザルなどの遊動動物と同様、こっそり攻撃するほうを好んだ。

襲撃はしばしば悪行――相手側が妖術を使ったとか縄張りに侵入したとか――と解釈された行為に

たいする報復であるとして正当化された。[14] 攻撃の原因を作った悪さを働いた人物を襲撃者たちがたとえ知っていても、ふつうは手近にいて捕まえやすい者たちを無作為に狙った。誰を犠牲者に選ぶかについて無頓着であるのは、よそ者（遊動民の場合はおそらく、攻撃する側が知っている相手）をまったく同一で交換可能な人間であるとみなすことから行き着いた都合のよい結論だった。また、そのおかげで侵入者は、相手の縄張りに入って、無傷のまますぐに出てくることができた。ある部族の人々がいったんひとつのカテゴリーに分類されると、彼らは全員が等しく標的になる。聖書にある目には目をという掟は、どの目がどの目であるかを区別しない。わずか数名のよそ者が加えた不当な仕打ちは、彼らと同じ「種類」の者であれば誰にでも攻撃を加えることで正されるとみなされる。社会のなかの誰かを誰かの代わりにすることは、犠牲となる側の仲間たちのあいだではその誰かが固有の存在で、罪のない人物だとみなされているために面倒な事態を招く。それでいながら犠牲者に課された苦しみは、全員への危害と受け止められる。だから、仕返しをするのは当然なのだ。[15] このようなやりかたで外の集団に攻撃的な報復をしかける動物は、知られているなかではひとつもない。

狩猟採集民のバンドは物をほとんどもっていなかったが、こうした戦闘から得られるものは何だったのか？　血への渇きが当面満たされること以外には？　人間の社会でもチンパンジーの社会でも、攻撃をしかける者たちは圧倒的に男と雄だった。彼らは、子どもを育てるために不可欠な資源（生物学者の視点からとらえれば）を生み出す縄張りを支配していた。ひとつの貴重な資源が、子どもを産む女だった。女は、襲撃されて奪われる恐れがある。さらに縄張り自体も、奪うに値する資産になりうる。しかし、狩猟採集民が他の縄張りを併合したという話はほとんど聞かない。[16] 北極人類学を研究するアーネスト・バーチがイヌピアックエスキモーについて記した詳細から、その理由がうかがわれる。「大多数の者たちが自分たちの土地が住むに最も適した土地だと思っていて、その土地のどこが特別かについて長々と語ることができた」[17]。おそらく、ホームグラウンドの隅から隅まで知り尽くしている伝統的な社会の人々が、隣の芝生は青いという考えかたを理解することはめったになかったのだろう。近隣の人たちの土地を欲しがることは、すでになじみのある土地よりもはるかに良いものが得られないかぎり、理屈に合わない。それでも、小さな社会の人々が襲いかかり、相手の集団が壊滅するまで攻撃の手を緩めず、その相手の土地の所有権をすぐに主張する例もあっただろう。また、バンド社会は現在の私たちからすれば小さく感じられるが、メンバー数の相対的な大きさはバンド社会の成功にとってきわめて重要だったにちがいない。より大きな集団は、あえて自分たちの力を見せつけようとしていないときでも、小さな集団に取って代わったかもしれない。「力による平和」というモットーの源流は、先史時代にさかのぼるのだ。

暴力とアイデンティティ

攻撃から得られるもうひとつの利点は、社会の団結が強化されることだ。「戦争は……国家を育み、強化し、支えるための手段以外の何であろうか？」とフランス革命後にサド侯爵が書いている[18]。社会のメンバーの敵意がよそ者に向けられるとき、メンバーと社会との一体感が強化される。全員が一丸となって立ち上がり、共通の目的をもち運命を共有しているという感覚がもてる[19]。アメリカ北部の人々《ヤンキー》のあいだでそのような種類の一体感が生まれたのは、南北戦争が始まってからのことだった。「戦争前にあった私たちの愛国心は、花火や挨拶、そして休日や夏の夜のセレナードだった」とラルフ・ウォルドー・エマソンが回想している。「何千人もが命を落とし、何百万人もの男女が覚悟を決めた今、本物の愛国心が表明されている」[20]

自民族中心主義という用語を作った社会学者のウィリアム・グラハム・サムナーは一世紀前に次のように書き、話題を集めた。「外部の者たちと戦うにあたり、内部の平和を保つことが急務となる。内部での意見の不一致があるせいで内集団が戦争にたいして弱腰になるといけないからだ」[21]。サムナーにしてみれば、外部との戦争と内部の平和は相互依存という恐ろしいゲームを展開している。部外者とのあいだで競争や対立があれば、人々の注意が内部にある競争や対立からそらされ、集団としてのアイデンティティへと向けられるのだ[22]。

よそ者に向けた暴力が社会を無傷なままに保つために必須であるかどうかは別として、私たち自身をよそ者と、それもとりわけ敵とみなす人々と対比することは、私たちの社会を日常生活の中心に据えるために有用だということは周知されている。私たちは、自分を守りたいという衝動によって互いに引き寄せられるのだ。イスラエル人心理学者のダニエル・バータルは、すべての社会は「敵意や害悪、邪悪のシンボルとするために」外部の集団を選び出し、そうした集団の脅威は、たとえ本当に存在するものであっても、誇張される傾向があると書いている[23]。最近ではロシアと北朝鮮とイランが、アメリカにたいしてその役割を担っている。もしも敵がいなければ、人々はなんとかして新しい敵を見つけよう――あるいはでっち上げようとするだろう。私たちは、テロリストや亡命希望者、仕事を奪っている不法入国者、あるいは、まちがった考えをもっているとされる社会のメンバーたちに対抗して一丸となり、怒りの矛先を容易にあちこちに変える。こうした憎しみが集団の自己アイデンティティのなかに深く埋め込まれていると、それがあまりに大切になりすぎて捨て去ることができなくなる。多くのイスラエル人とパレスチナ人たちが、解決が困難なこのような立場にある。どちらの側も、まれに見るほどの結束と揺るぎない関心をもって、互いのちがいを見つけようとしている。

リスクを評価する能力に欠陥があると、外集団にたいする反応がしょっちゅう過剰になる。ひとつには、人が情報を選り好みするという問題がある。こういうことは、国家間や民族間の関係にとって良くないだろう。私たちは、よそ者が自分たちの社会に加えた危害のほうを、度合いとしては同じくらいの良い行ないよりもおぼえている傾向がある。[24] テロリストのニュースを耳にすると偏見が誘発される。たとえテロに遭遇して死ぬ確率が、浴槽で足を滑らせて死ぬ確率よりはるかに低くても。なぜこのように敏感なのかは、こちらを傷つけようとする明確な意図をもって行なわれることを察知するように人間の心がおそらく進化してきたということを思い出せば納得がいく。そうした行為によって、大昔にあった小さな集団の大部分が殺されるような可能性が十分にあったのだ。浴槽のような動きのない脅威と比べて、このような危険にたいしては遠い昔からずっと過敏であるために、人はすぐにけんか腰になってしまうのだ。[25]

ここでもまた、物理的な危害にたいする不安だけが私たちの感じる恐れの原因ではないのかもしれない。恐怖について理解するにあたって、アイデンティティの果たす役割を軽く見てはならない。私たちが嫌い、恐れているよそ者のアイデンティティについて知ることも必要だ。実際には何の根拠もない否定的なステレオタイプにしがみつく傾向が人間にはある。それを考慮に入れれば、かつて狩猟採集民たちが隣に住む部族を食人族だと思い込んでいた事例がしばしばあったことの説明がつく。[26] 極端な感情は、人間のアイデンティティにある強烈な側面、とりわけシンボルとしての力をもつ物と、それらがどのように扱われるかによって助長されることがある。[27] そして、もしもよそ者が私たちの旗にたいして敬意を見せるなら、私たちは彼らを信頼できる者として登録し、その見返りに温かく接する。反対に、シンボルが不当に扱われたと受け止めれば、激怒する。私たちのリーダーの人形が殴られたなら、どれほどの騒ぎになるか考えてみよう。私たちがアイデンティティのしるしに愛着をもつことから考えると、浴槽にたいしては平気なのにテロにたいしてはパニックになる理由は、テロリストたちが私たち一人ひとりを脅かす可能性があるからではなく、彼らが、私たちの社会にとってシンボルとして非常に大切な物を傷つけることがありうるからだということがわかる。ツインタワーとペンタゴンについて考えよう。９・１１が繰り返されるかもしれないという恐怖によって、集団感情は厳戒態勢に置かれている。それは、正当な理由のないどのようなステレオタイプとも同じくらい行き過ぎだ。

暴力から離れるために自然から学ぶこと

あらゆる疑問のなかで肝心なものが、アルフレッド・テニソン男爵が自然について語った「牙と爪が血で染まった」という表現が社会についても当てはまるのか、すなわち社会間の暴力は回避できるのか、というものだ。世界を複数の社会で構成されたものにすることは本質的に、人間どうしを遠ざけることになるのか？　アリの場合はまさにそうだ。アリたちはいつだって、隣にいるコロニーに先を越されないように、戦って資源を奪い合っている。そうしたようすを見れば、アリの世界では社会間での対立に代わる解決策がないとわかる。人間も同じだと予測する人もいるかもしれない。それも単純な理由から。この世界では、社会のための空間が限られている。一人ひとりのための空間が限られているように。もしも社会が、よそ者よりも自身のメンバーのほうに競争力を与えることで繁栄するのなら、何かを快くよそ者に手渡すことはたいていの場合、割に合わないだろう。その行為に、明らかに相互の利得になるものが含まれていないかぎり。だから、ラテン語で「ホモ・ホミニ・ルプス」と言われるように、人間は人間にとってオオカミなのである。

しかし動物は、特定の状況下ではよそ者にたいする警戒を弱めることがある。好戦的なことで有名なハイイロオオカミについても、調和に近い状態が記録されてもいる。ハイイロオオカミは、ブチハイエナと同じように、移動していく動物の群れを追ってよそ者の縄張りを通過することがある。その縄張りの所有者たちが穏やかな対応をしているのか、入る側がこっそりと不法に侵入しているのかを見分けることは確かに難しい。もっとはっきりとした事例に、カナダのアルゴンキン州立公園にいるオオカミたちの行動がある。そこでは四〇年前に、オオカミの複数の群れが、他の場所では見られることのない習慣を始めた。自分たちの縄張りに通年留まるのではなく、毎年冬になると移動していくシカを追ってディア・ヤードとよばれる公園の近くにある小さな区域に行くのだ。この場所には、すべてのオオカミの腹を満たせるくらいのシカが集まる。オオカミの複数の群れは互いにたいして友好的になるわけではないが、ふだんより一〇倍の密度で集まっていても平和に過ごす。二つの群れが一時合流したが、何も事件が起こらなかったという事例もある。あるときなど三つの群れが一日中、ひとつの死体の肉を食べていたが、けんかにはならなかった。これほどの自制が働いた例は聞いたことがない。ディア・ヤードは今やオオカミたちが群れから群れへと移籍する場所になっている。オオカミが縄張りへ戻る春には、一頭か二頭の新たなメンバーが群れに加わっていることもあるのだ。このように用心しながらも無関心でいるようすは、ミニマリスト的なパートナーシップの例とも言えるだろう。それはまた、ふつう本能的によそ者を嫌うと思われている種が柔軟性を備えていることの証しでもある。

友好的であることで知られている種のなかでも、サバンナゾウとバンドウイルカは群を抜いている。ゾウの場合、愛情が最も強いのは絆群《ボンド・グループ》れのあいだである。絆群れとは、ともに行動していたがすでに別れた二つの群《コア》れのあいだの関係だ。絆群れのメンバーたちは挨拶の儀式をする。ゴロゴロと喉を鳴らしパオーンと鳴き、耳をぱたぱたと動かしてその場でぐるぐる回る。一方のコアのメンバーはもう一方のコアのメンバーを知っていて、特定の個体どうしは親密な友だち関係にある。フロリダに住むイルカは、互いの群れの縄張りに入っていって友好的に交流する。しかし、こうした種にとってさえ、楽しいことばかりではない。雄のバンドウイルカにある戦いの傷跡は、境界線での小競り合いのためについたとされる。サバンナゾウは、他のゾウたちの超低周波の鳴き声を盗み聞きして、知らないコアや嫌いなコアを避ける。大きなコアや強い雌のリーダーをもつコアが、木や水場から弱いコアを追い出すこともしばしばある。優位に立つ者からそうした扱いを受けることで、個体の健康や生殖に、さらには社会自体の存続に影響が及ぶことがある。[28]

社会間の関係が平和であることで最も有名なのがボノボだ。群れ全体が他の群れとおおっぴらに混ざり合う。それぞれの群れには行動圏があるが、チンパンジーのようにその空間を厳重に守るのではなく、社交的な訪問をするために子どもたちを連れてそこを突っ切って行く。ボノボはさらに、群れのメンバーよりも見知らぬ者たちに食べ物を与えることを好む。いかに熱心によそ者との関係を結んでいるかを示すめずらしい事例だ。[29] そうはいっても、ボノボは、社交的な訪問にたいして無頓着なわけではない。訪問者は急襲するチンパンジーのようにこっそりと忍び込みはしないが、縄張りの境界線は一応あり、しかるべき注意を払ってそこを越える。縄張り内の住民たちが狂ったように追いかけたり叫んだりすることもある。みんなふつうは平静に戻るが、社交的な者がいなそうなら訪問者は引き返す。さらには、一度も一緒にいるところを見られたことがない特定の群れもある。二人の人間の仲が悪いことがあるのと同じように、どうやら社会と社会とのあいだに相容れないちがいがある場合もあるようだ。そういう状況では、ボノボたちは縄張りの境界線を越えたりしない。[30]

こうした例外はさておき、なぜボノボの社会は一般的にこれほど寛容なのか？　暴力がまれにしかないことは、生息地に豊富な食料源がたくさんあるおかげだとされている。[31] もしもこれが本当で、ボノボの群れどうしは単に順調なときだけ友好的なのだとしたら、良好な関係が破綻することもあるだろう。アルゴンキンのオオカミの群れのあいだで、冬期のシカの頭数がオオカミ全員の必要を満たさなければ休戦協定が崩れると想定できるように。争いが起これば、力の強いボノボの群れにいるほうが得だということがはっきりしてくるだろう。幸い、ボノボが暮らしているコンゴの土地では、困難な時期はほとんどない。いずれにしても、ボノボは十分に戦うことができる。「ときたま、いさかいが起こった後に獣医がよばれて、陰嚢や陰茎を縫い合わせることがある」と、飼育されているボノボについて人類学者のサラ・ハーディーがさらりと語っている。[32] ときおり攻撃するだけでなく、野生の場合は殺し合うこともある。ある例では数頭のボノボが、自分たちの群れのなかにいる一頭の雄を集団で襲った。研究者たちはその雄は殺されたのではないかと疑ったが、死体は見つからなかった。[33]

　暴力性が最も低い種においてさえ、外部との関係にあたり最も気を配る点は、よそ者を無視するか回避することだ。ディア・ヤードにいるオオカミたちと同じように。マッコウクジラは他の群れのメンバーに混ざって暮らすが、彼らのじゃまにならないようにする。体があまりに大きいので、衝突したら命にかかわることになりかねないのだ。ゲラダヒヒは、互いを視界に入れないことが上手だ。[34] 群れ（最大一五頭のおとなで構成されるユニットとよばれる群れ）は、数百頭もの集団のなかにまぎれ込みながらも、周囲にいる他の群れには関心を向けない。ただし第一《アルファ》位の雄だけは、つがいの相手のいない雄たちにたいして、けんかに備えた警戒を怠らない。このことからわかるのは、草食のゲラダヒヒに限って言えば、食料を求めて争う必要がないということくらいだろう。

　ふだんからよそ者と戦う気が満々の種でも、寛容になるときもある。ライオンの群れが分裂して、二つの新たな群れがもとの縄張りを引き継ぐ場合、落ち着くための猶予の時間を互いに与えるようなのだ。それでも、一年か二年のうちに、以前は同じ群れの仲間であった者たちも、まったく知らない者たちにたいするときと同じくらい、互いに敵意を見せるようになる。[35] ヒヒやマウンテンゴリラは、性的に受け入れ可能な雌をめぐって雄たちが戦う場合を除いて、子どもたちが一緒に遊べるように群れと群れが混ざり合う。プレーリードッグは、縄張りの外にある食料採集用の土地での緊張緩和《デタント》を認めている。そこは穴を掘るのに適していないので、守る価値がないのだろう。

　では、チンパンジーはどうなのか？　縄張りをもち、ランガムに言わせれば悪魔のようなチンパンジーの雄たちが、その性質を改めて、近隣の者たちと共存できるのか？　外の群れに順応するという点で言えば、この種はリストの最下位に位置するだろう。せいぜい言えることは、群れによってはそれほど頻繁にはよそ者を襲撃したり殺したりしないというくらいだ。そのように比較的自制が見られる場合でも、平和を好むからというよりも戦う機会がないからそうなるだけだ。こういう地域にいるチンパンジーたちは、大きなパーティになって離れず、攻撃をめったに受けない。[36]

　チンパンジーとボノボがともに遺伝子的に人間と近いことから、私たちが基本的によそ者を信用せず、危害を加えたいという欲求をもっていることは、チンパンジーと同様に祖先から受け継いだ性質の一部と考えるのが妥当だろう。それなら、疑念を脇へやり親密な絆を結ぶという選択肢は、私たちがボノボたちと共有する資質にちがいない。人間の親戚である二つの種は、私たちの左右の肩にそれぞれ乗って、正反対の良い助言と悪い助言をささやく天使となった。しかし、自然界から送られてくるメッセージは、あまり楽観的なものではない。動物の社会が仲良くやっているところや、少なくとも互いに危害を加えていない場面はいくらでも見つかる。しかし、そうした傾向が見られるのは、そのような行動に適した条件がそろっているときだけだ。たとえば、資源やつがいの相手をめぐる争いがあまりないときや、それらをめぐる戦いが割に合わないときなど。アルゴンキンでは、夏が来るとシカたちがふたたび散り散りになり、狩りをするのがいっそう難しくなる。条件がこのように悪化するにつれ、オオカミたちは以前のように荒々しくなっていく。[37] 群れどうしがまた食料をめぐって争わなくてはならなくなると、ふたたび意地の悪い行動を取るようになるのだ。

さまざまな種の状況や、競争と対立にたいする人間の反応、外部勢力とのアイデンティティの衝突を考慮すると、近隣の者たちとのあいだで保たれる平穏は、すなわち長年にわたる闘いであるととらえるのが相応のようだ。死者だけが戦争の終わりを目撃するとプラトンが言ったとされているが、確かにこれは正しい。ウィリアム・サムナーが書いたように、戦争は人々を団結させることができる。それは不穏に感じられるかもしれないが、この視点を活用できない社会は危険が迫っても無防備のままだろう。それでも、これくらいのことなら言える。社会は、よそ者にたいして攻撃的にならなくてもよいし、メンバーたちに境界線の内側で協力をするように求めなくてもよい。否定的なステレオタイプと、社会と社会をまるで別個の種であるかのように区別するという人間にとってはとても自然な習慣があっても、私たちの内部から暴力的な反応が強制的に引き出されるわけではない。敵がいても、殺したいという欲求を感じないような場合もありうるのだ。

反目し合う社会でも、たとえ平和が盤石でない時期であっても、ほとんどの時間を戦い以外に費やしている。他者や、彼らの生活様式やシンボルに高い敬意を払わないかもしれないが、相手の旗を焼き払うこともしない。ときおり、二つの社会はこの程度までなら到達できる。アルゴンキン州立公園のオオカミたちのように、不和をいったん脇に置き自分のすべき仕事をするという自制心を保った状態だ。そのような計らいが、対立状態においてごく短期間ではあるが成功した例がいくつかある。そのひとつが一九一四年のクリスマス休戦だ。ドイツ軍とイギリス軍の兵士たちが一日だけ、西部戦線沿いの緩衝地帯に自由に出入りしてタバコを交換した。しかし、互いに悪感情をもっていない場合には、人間の社会間の協力は、自然界で見られるどんな協力も超越する。次は、そのような温かい関係が栄える条件と、それが人間性について教えてくれることを見ていこう。

第18章　他者とうまくやる

多くの探検家が物々交換をするように、私も釣り針を必要な物と交換した経験がある。私がもらった物は、コロンビアの太平洋沿岸に近い熱帯雨林に住む部族が作った丸木舟だった。取引が成立する経緯に特に注目すべきことはなかった。まったく私の好みに合わない発酵飲料を飲み干さなければならなかったが。しかし、この取引がどれほどふつうのことに見えたとしても、自然界にある社会間の争いについてのあらゆる知識を考慮に入れると、両者が快く敵意を捨てるだけでなく、よそ者を有害ではない者とみなすのは、かなり特別なことだ。

もうおわかりかもしれないが、動物の社会間で建設的な接触があるかどうかは疑わしいという前章で出した結論にもとづけば、社会間での実際の協力が見られるのはまれであるか一切ない。社会間の相互作用はしばしば、もっと一方向的であるようだ。ボノボが見知らぬ相手に気前よく食料を与えることは、取引や協力のひとつの側面というよりも和平の提案としてとらえたほうがよい。ボノボはその見返りによそ者にたいして、おそらくは寛容さ以外には何も期待していないようだ――ましてやチームを組んで集団として何かをすることも求めていない。サバンナゾウやバンドウイルカの社会でも同じように、友情のその先にある協力関係にまで発展していることを示す証拠は見られない。同盟関係に最も近い取り決めがあるのはマッコウクジラだ。彼らは別の社会のメンバーとチームを組んで、単独の群れでできるよりももっと効果的にイカを捕まえる。[1]

人間の社会は、反目し合うのではなく力を合わせることによって、いっそう大きな見返りを得ることができる。たとえ、同じ資源をめぐって争っている場合でも。これは、他の動物ではめったにできない偉業である。このようにして社会のメンバーたちは、外部の助けを借りて周囲の環境からより多くのものを引き出すことで、不足を潤沢な状態に変えることができる（クジラの群れがイカを捕まえるときにするように）。外部の社会からとても現実的な危険がもたらされる恐れがあることを考えると、人間はなぜ、どのようにして、このような企てをするようになったのかは問う価値がある。そして、力を合わせるようになったときに問うべきことは、同盟関係のために必要なことと、社会が別個の存在であり続けなければならないという圧力とのあいだのバランスをどのように取ることができるのかになる。狩猟採集民から得られる証拠を見ていけば、これらの問いを解明できる。

さまざまな同盟関係

世界各地の狩猟採集民のあいだに見られる最も特筆すべき協力関係のひとつが、オーストラリアのマウントエクルズ地方に住み、ウナギを捕まえていたアボリジニたちのものである。グンジユマラ地方の異なる方言を話す五つ以上の集団と、おそらくはその地方に住む他の部族たちも、広い範囲にわたって水道設備を建設し、縄張りと縄張りをつなげていた。この水道のおかげで、すべての集団がウナギを捕まえることができた。彼らの関係は流血とかかわりがなくはなかった。部族の長は戦争を行なう権限をもっていた。しかし、好戦的な太平洋岸北西部のアメリカン・インディアンと比べると、オーストラリアの部族は、同じく魚の群れに依存していながらも、互いをほぼ平等に扱っていた。それには相応の理由があった。彼らは、水道を維持するために互いの労力に頼っていたのだ。ウナギの収穫は国際的な仕事だった。[2]

狩猟採集民の同盟関係には、共通の目的、たいていは防衛のために人を動員することが含まれる場合もあった。動物ではこうした行動は見られないが、共通の敵にたいして戦力を結集させる場面のあることは、人間の社会を結びつける強力な誘因となっている。こういう機会はまた、外部から威嚇されたときに、ひとつの社会のなかのメンバーたちを結びつけるきっかけにもなる。狩猟と原始的な農耕を営み、もともとは現在のニューヨーク州西部に居住していたイロコイと総称されるアメリカン・インディアンの複数の部族が、ヨーロッパ人が到来する前の一四五〇年から一六〇〇年のあいだのどこかの時点で同盟関係を打ち立てた。[3] 同盟に参加した部族は、自給自足を行ない、独立していた。しかし、よそ者との関係を判断し守りを整える必要が生じたときには、総会が開かれた。最終的には、ヨーロッパ人がよそ者のなかに加わるわけだが。[4] それ以外にも、メンバーの部族らは、自身の関心にかなうように、たえず変化する流動的なやりかたで協力した。北米でも世界中のどの地域でも、部族や狩猟採集民たちがそうしていたように。[5]

人間の場合、集団間の関係によって豊かさを生み出すことは、しばしば交易を通じて達成される。[6] こうした取り決めがなされる可能性はどこにでもある。アラワクは、彼らのまったく知らない社会からやってきたのであっても、コロンブスには品物を交換するつもりがあるだろうと思っていた。相互の利益を求めていたのに不運にも、結局は部族が消滅することになってしまった。強制的な労働や、マスケット銃や、病気などで命を奪われ、独立した部族としては途絶えてしまったのだ。ルイス・クラーク探検隊は、ふつうならよそ者にたいして敵意を向け、探検隊の面々を良心の呵責をおぼえずに殺すことができたかもしれないようなアメリカン・インディアンの領土を通過していった。ヨーロッパ人たちが自身を有望な交易の相手であると思わせなかったとしたら、そうはできなかっただろう。このような提携関係が長期にわたり保たれるには、協力者のあいだで細かなやりとりをすることが求められる。互いに独立してはいるが、力や立場においては同等な存在であると認め合わなくてはならないのだ。そうでなければ、力の強いほうの集団が、それ以外の集団にとっては不利な協力の条件を定めることになってしまう。

アラワクの運命から、よそ者との接触は危険であることが思い出される。人間はつねに、まずは自分の属する社会の者たちを当てにしてきた。同じアイデンティティを共有していることから、社会的・経済的なやりとりを進めやすいからだ。やりかたや価値観、そしてもちろん言語が異なる者たちと交渉するときのほうが、二枚舌を使われたり誤解が生じたりする危険性が高い。現代社会における人種間の相互作用についての研究から判断すると、ちがいを乗り越えるためには多くの注意を要するので、まちがいが起こりやすくなるらしい。[7] 事態の膠着が続けば、拒絶されたり報復されたりする可能性が出てくるのでなおさら心配だ。[8] 自給自足が望ましかった。したがって、配偶者を見つけて食料を調達することから、敵を寄せつけないでおくことまでのすべてが、可能なかぎり社会の内部で処理される傾向にあるのだ。[9]

また、社会が交易や文化交流の目的で外にたいして開かれていなくてはならないわけではない。ブッシュマンのなかでも、近隣の者たちと進んで協力する人もいれば、そうでない人もいた。[10] 人や情報、原料、その他の品物の行き来を規制する隘路として働く、社会と社会を分ける線について考えよう。これらの資産はどれも、社会の内部では妨害を受けずに移動するが、社会間では移動が規制されており、かなり厳しく制限されている場合も多い。いったん設定した隘路は、接触によってもたらされる報酬か損失のそれぞれに応じて、広げたり狭めたりできる。外の社会が嫌われていて、その影響がこちらの文化を損なうと受け止められる場合には、隘路が締めつけられる。そうであっても、好ましい品物や技術革新を受け入れることは、それらがどこで生まれたものであれ、止めることはできなかった。そういうわけで、古代の考古学的記録にあるように、新たに発明された石器が広まっていったのだ。

物の移動は連鎖する

人間の社会間において同盟関係が初めて結ばれたのがいつなのかは、はっきりとはわからない。狩猟採集民は何世紀にもわたり農民と交易していたことがわかっているうえに、両者はずっと昔から互いの社会から必需品を調達していた。しかし残念ながら、同盟や、さらには交易が存在した明確な証拠は残らないものだ。その場所から何キロメートルも離れたところにしかないような石から削り出された道具が見つかれば、社会間での交易がなされていた証拠とされるかもしれない。[11] しかしその道具は、他の手段によってそこにやってきた可能性もある。よそ者との取引によって獲得したのではなく、ひとりの勇敢な放浪者がはるか遠くからそれを持ち運んできたのかもしれないし、その道程が縄張りのなかに含まれるひとつの社会のメンバーたちによって持ち込まれたのかもしれない。

あるいは、いわゆる移動連鎖とよばれる方法で、ある社会から次の社会へといくつかの段階を経て道具が移動されたのかもしれない。その実例に、古代中国の陶器がさまざまな人の手を経て、はるか彼方のボルネオ島の内陸部にある村にまで到達したというものがある。[12] この場合でさえ、陶器の移動を説明するのに交易は必ずしも必要ではない。エクアドルヤドカリは、住みかにしている貝殻よりも体が大きく成長するたびに、もっと大きな貝殻に乗り換える。新しい住みかに選んだ貝殻はしばしば、別のヤドカリが捨てたものだ。ある人が別の人の捨てた安物を拾っていくのに似ている。貝殻は、止まることなく動き回るヤドカリからヤドカリへと渡り、その力を借りて平均年間二四一〇メートルを移動する。人間の大きさに換算すれば、それぞれの貝殻が毎日一キロメートルずつ旅をするのに相当する。[13]

　リスが埋めた木の実も移動連鎖の例である。この場合、移動させるのは盗人だ。リスは、他のリスが後で食べるために埋めておいたドングリを盗む。こうして木の実は、こちらからあちらへと転がっていって何キロメートルもの距離を移動し、ついには芽を出すか、盗人の誰かに食べられる。[14] 別の集落《コロニー》から食料を盗むアリやミツバチもいる。働きアリや働きバチから食べ物を奪い取り、急いで逃げるのだ。[15] リスや昆虫が盗みを働く例から、泥棒は、交易に代わり、物を遠い場所まで移動させる昔からある手段であり、人類が誕生する以前から存在していたということが思い出される。

　最初の人間社会が交易と略奪のどちらに主に依存していたのかはわからないが、欲しい物を暴力で安定して得られることはめったになかっただろう。人間の必需品は、他の動物たちの必需品よりも複雑で多様であることからも、そうだとわかる。いったん矢じりなどの物品やボディペイントに頼り始めると、もはや適切な食料や水のある場所を見つけることだけが関心事ではなくなった。社会が必要とする特別な材料のすべてが、人々の支配する土地から得られるとはかぎらなくなった。物質的な需要をすべて自分たちの土地のなかで満たしていても、長期的な交易が可能なよそ者との関係を構築することは、多くの場合、贅沢するためでも、ボノボが食べ物を一口よそ者にあげるような友情を示す合図でもなく、生きるために必要な要件だったのだ。[16]

　それでも交易は、ボノボの行動にとてもよく似たもの、すなわちよそ者との気楽で愛想のよい触れ合いとともに始まったのかもしれない。たぶんそうなる前でも、互いにたいして寛容であるだけで、品物が両方向に流れていくのに十分だったのだろう。バンド社会ではしばしば、よそ者が、必要な資源を彼ら自身で採取するために社会の土地に入ってくることが容認されていた。けれども、不法侵入者を完全に閉め出すことができたわけではない。小さな縄張りの中央にあるとまり木の上で、隅から隅までを見ることができるクロウタドリが、自分だけの空間に侵入してくる者をすべて視界に収めてじゃまをすることができる一方で、人間やその他多くの動物の社会の領域は、そうするにはあまりにも広すぎる。ミーアキャットの群れは、別の群れの巣穴の持ち主がどこかに行っているときに、厚かましくもそこで眠りもする。できることといえばせいぜい、侵入者を見つけたらその前に立ちはだかり、縄張りの内部のほう、多くの動物の場合には巣が作られている中心部から、必死に追い出そうとすることくらいだ。

しかし、狩猟採集民は周囲の事物を読み解くことに長けていた。アメリカン・インディアンとブッシュマンは、何日も前の足跡を見つけるばかりか、誰がそれをつけたかを特定することもできた[17]。侵入者は、事後ではあっても見つけられる可能性が高かった。そのために侵入者は、報復を避けようとして用心深くなり、外部の集団の土地に立ち入る許可を求めた。いずれにしてもよそ者が、よその土地にこっそり入り欲しい物を見つけることはそうそうできなかった。いつ、どこに行けばよいのかについて、地元の人間から最新のアドバイスをもらわなければならなかったからだ。こうして、縄張りを監視することは、実際には不可能なだけでなく、必要がなくなった[18]。事態が切迫すれば、それを解決するために、資源に近づく許可を求めることができた。実際、狩猟採集民の逸話には、水場が干上がって獲物が別の縄張りへ移動していった、などといったものがたくさんある。どのような場合でも、訪問者にたいして寛容になるには条件があった。両者とも、継続的に返礼をすることが期待された。

そのような互恵関係を基本とすることで、人々は最適なふるまいを続けることになった。

資源を守るか出入りを認めるかは費用と便益次第だ。それに応じて、狩猟採集民が自分たちの土地にたいしてもつ独占欲もさまざまあった。[19] チンパンジーのように敵を皆殺しにするやりかたをする者もいれば、ヒヒのように選択的に資源を守る者や、ボノボのようによそ者を受け入れる者もいた。そして、それらのあいだにあるあらゆる譲歩の選択肢を交渉する余地もあった。だが、誰が何を所有しているのかが、あいまいにされることはめったになかった。貴重な資源があるために競争が激しくなることもあった。なかでも、シンボルとして重要であるために崇拝されている物（たとえば儀式に使われる顔料など）は、競争を激化させた。しかしおおむね、出入りの交渉にあまりコストがかからないということも、よそ者の縄張りを奪う行動に出ない理由のひとつになった。そのため、社会間での接触と親密なかかわりが促進された。

貴重な資源をとても潤沢にもっている人なら寛大にもなれるだろう。ボゴンヤガ（オーストラリア産ヤガ科の蛾）は毎年、夏になるとオーストラリアのスノーウィー山地まで大群をなして飛んでいくので、タイミングが合えば、この季節にこの地を訪れるよそ者たちには斜面の特定の場所があてがわれ、毎日ひとりあたりおよそ一キログラムの蛾を捕まえて食べることができた。この伝統は一〇〇〇年間続いた。一キログラムの蛾には、ビッグマック三〇個分に相当する脂肪が含まれる。夏の終わりには、もとはやせこけていた人たちが、丸々と太り満足して自分たちの縄張りへと帰っていった。たぶん、この土地の人たちに何かお返しをしなければと思いながら。[20]

市場の誕生

物を手に入れるために縄張りに入ってくるよそ者にたいして寛容であったことが交易の前触れであったかどうかは別として、通常の意味での交易は、二者が対面で物を交換したことから始まった。最初の単純な市場は、互いのプライベートな空間を尊重しながらも、交換が公正に行なわれるかどうかを抜き打ち検査できるようにするために、縄張りの境界線上に設けられたのかもしれない。

しかし、どうであれば公正だったのか？　同じバンドに属する者たちのあいだの取引は通常、気軽な交換というかたちをとっていた。[21]十分な信頼関係があったので、ぴったり等価であることは求められてはいなかった。クリスマスのプレゼントを交換するときとよく似ている。もしも一方のもらう物が少なければ、次回に埋め合わせができた。だが、社会間での交易はちがった。たいていは回数が少なく、いつ実施されるか予測できず、値切りの交渉や、うっかりとしたまちがいや、関係が悪くなるリスクがもっと高かった。

社会内で悠長に物を交換する風習は、定住が進むにつれて消えていった。交易をする者たちが互いをあまりよく知らず、異なる品物やサービスを提供する場合、提供する物に具体的な価値を添えることが必要となった。その結果、社会内でのやりとりも、社会間での交易に近いものになっていった。カリフォルニアの狩猟採集民、チュマシュの定住地では、ビーズが通貨として使われた。現代的な意味合いで、品物に価格を設定していたのだ。

近年までの狩猟採集民の場合、移動連鎖は主に、異なるバンド社会間での広範囲にわたる交易によって加速がついた。[22]薬草や砥石やオーカーなどの品々が、オーストラリアのある集団から隣の集団へと移動していき、ときには大陸の端から端まで伝わることもあった。アメリカン・インディアンの扱う品物と同様に、それらの価値は遠くに伝わるにつれて上がっていった。[23]真珠貝が内陸部の奥深くまでもたらされ、装身具として使われると、魔法のような魅力をもつ物に見えたかもしれない。ときには、もとの意図とはちがう使われかたをすることもあった。ブーメランは数世紀前に、オーストラリア北部で作られなくなった。ブーメランを作り続けていた南部の人々は、その後、ブーメランを他の品物と交換するようになった。この飛び道具を武器としてではなく、音楽を演奏するときに打楽器として使うことが北部一帯で流行ったときに。[24]

原材料や製作物に加えて、アイデアもバンド社会間で交易された。流行の先端をいく新しい言葉から、道具を作るためのより良い手法まで、さらには複雑な儀式までもが、遠い距離を超えてまねされることもあった。アボリジニの少年を対象とした通過儀礼で行なわれる割礼はおそらく、一七〇〇年代にインドネシア人の商人たちから教えられたのだろう。割礼の手法はオーストラリア全域に広がるにつれ極端になっていき、包皮全体を切り取る例もあった。[25] また、アボリジニは互いの歌や踊りをまねた。きちんと記録に残っているものに、一八九七年に初めて報告された例がある。ワカヤが行なっていたモロンガの儀式では、主な演者が手の込んだ衣装を着て、数日間夜遅くまで幻想的な舞を踊り歌を歌った。それから二五年のあいだに、モロンガの儀式はオーストラリア中央部の千数百キロメートルにわたって広まった。歌詞の意味は、儀式を始めたワカヤしか知らなかったのだが。[26]

社会と社会が支障なくやりとりするためには、ある程度の結びつきを感じていることが役立った。狩猟採集民はしばしば、同盟関係を作る目的で社会間の婚姻を整えた。夫や妻はふつう、生まれ故郷を訪問する機会があり、二重国籍に相当するような身分が与えられていた。人間以外の種では聞いたこともない現象だ。[27] 人間にとっては、互いを理解していることが重要だった。そのために、集団間での関係が長期にわたって築かれた結果、多くの狩猟採集民が多言語を話すようになった。オーストラリア人も、グレートプレーンズのアメリカン・インディアンも、外部の部族と交渉するときに手話を使った。ジェスチャーのなかには、槍が届かない距離を保って交渉ができるように、遠方からも見えるものもあった。[28]これらのジェスチャーには二次的な機能があった。襲撃をしかける戦士たちが、音を立てずに連携して攻撃するために、互いに合図を送ることができたのだ。

交易と文化のちがい

人と人とのあいだでは共通点が多いほど快適にやりとりができるが、これと同じことが社会にも当てはまる。類似点があれば友好関係を構築しやすくなるのだ。[29]たとえばイロコイの例では、よく似た言語や親和性の高い文化をもっていたおかげで、協力関係が結びやすくなった。考古学者は社会間の相互関係を「相互作用圏」と称する。その圏内では、価値観やアイデンティティのしるしの共通性によって物の行き来が促進されるのだ。[30]交易という行為そのものによって、社会間の類似性がいっそう深まる。このことはとりわけ、移動される物が単なる原材料以上のものである場合に当てはまる。物を作ったり何かを行なったりするための新しい手法や、製作された品物自体が集団間で取引されるときなどがそうだ。

それでも社会は、メンバーのもつ価値観や意義を維持できるくらいには別個であり続けなくてはならなかった。あるいは、心理学者の研究からそうではないかとうかがわれる。ここに、歴史の流れに大きな影響を与えてきたバランスの取りかたが認められる。共通点は役に立つ——ある程度までは。あまりにも交流が多すぎると、集団の人々がもつ独自のアイデンティティが危うくなってしまう。複数の社会が同じ希少な物を欲しがるために、それをめぐって競争するようになると、似ているということが逆効果にもなりうる。こういう状況になるとやっかいだ。

先に、最適弁別性という理論を紹介した（第10章）。それぞれの人は、社会のメンバーからの尊敬を得られるほどに他のメンバーたちと似ていようと努力するが、それと同時に、自分は特別だと感じられるくらいには人とちがっていようとする。近隣の社会との関係を築くときにもこのような中間地点に引き寄せられる、というもっともな仮説が立てられるだろう。すなわち、互いに似ていることで快適に感じ強い絆をもつことと、自分たちは他とはちがうという自尊心をもつこととの中間の地点へ。社会に活気がある、あるいは個人としてうまく順応しているためには、同じでありながら、ちがっていなければならない。非常によく似た社会でさえも、人々にとって大切な、顕著なちがいを保持しなければならないのだ。

社会のあいだでの重なり合う要素を減らすと、それに応じて競争も少なくなるだろう。ひとつには、アマゾン川流域でごく近くに暮らす三つの部族の食事がそれぞれちがっていることを説明するために提示された理論では、そのように言われている。[31] さらに、ちがいを大切にしたいという思いは、社会間ではっきり異なる経済的役割が出現すれば、建設的な方法でかなえられるかもしれない。結局のところ、まったく同じ商品を勧める両者のあいだで取引をする理由はほとんどない。社会は、メンバーたちが作った余剰の道具を、自分たちでは作ることが難しいと思われる品物と交換することができた。狩猟採集民のバンドで生活するためには多才であることが必要であり、メンバーたちは、性別や年齢によるちがいはあっても全般的な技能に磨きをかけていた。この点を考えると、専門化は、まずは社会のレベルで始まり、その後に社会内での個人レベルまで波及していったのかもしれない。

そのような適性の差異は狩猟採集民のすべての社会で見られたわけではなかったが、しばしばそういう事例があったということを示す証拠がある。「それぞれの土地で、他の土地の人々から称賛されるような技能や才能を用いて特定の物が作られる傾向があった」と、オーストラリア人の歴史学者ジェフリー・ブレイニーがアボリジニについて書いている。さまざまな集団が、槍や盾、鉢、砥石、装身具などを作っていた。じつに「何世代にもわたって多くの作業が専門化されていて、その起源が部族の神話として語られていることさえあった」とブレイニーは付け加えている。[32] 太平洋岸北西部では、トリンギットのチルカットが編んだ毛布や、他の複数の部族が作る手斧の刃が、沿岸部一帯で交換された（もしくは盗まれた）。この他にも、小さな部族社会間で互恵的な関係があったことを示す多数の例が記録されている。ひとつに、スーダンに住む農耕民のフールは、さまざまな牧畜民族から牛乳と牛肉をもらい、そのお返しにキビを渡した。[33]

社会が最適弁別性に到達すると、まずは長期間にわたって相互依存するようになり、そのためにいっそう、互いにたいして厳しくすることを避け、相互の利益を求めることが妥当だとする考えをもつようになる。しかし、私がここで言いたいのは、社会のメンバーたちがよそ者と頻繁に接していても、あるいは物を交換していても、それぞれの社会は境界線をもち続けるだろうということだ。交易によって崩壊する国家はない、とベンジャミン・フランクリンは述べたが、これは経済面だけでなく社会面にも当てはまる。[34] 北米のグレートプレーンズに住んでいたマンダンとヒダーツァは、彼らの文化の中心部が交易の要衝となり、そのために他の部族が彼らの言語を学ぶ必要に迫られても、明確なアイデンティティを保っていた。[35] イロコイ同盟も、それぞれの部族が自治や土地を譲り渡すところまではいかない緩やかな関係でなくてはならなかった。実際、イロコイに加盟するさまざまな部族に属するふつうの人々が接触することはほとんどなく、部族と部族は別々のままであった。相互に依存していたにもかかわらず、いっそう強く区別されていたと思われる。

互いに似ていない人々が相互に利益を得る方法を見つけることもある。実際のところ、区別が徹底していればいるほど、そうした動きが後押しされる。一八世紀にインドネシア人の漁師たちがオーストラリアの北部海岸にやってきたとき、アボリジニたちは彼らを歓迎した。またブッシュマンは、二〇〇〇年間にわたり近くに暮らしていた牧畜民のバンツー人と品物を交換していた。[36] ピグミーやその近隣に住む農耕民たちはさらにその先を行き、やせた土を耕しても、ジャングルにいるわずかな獲物を狩っても腹を満たすことが困難な森林において、両者が生き延びるために役立つような関係を編み出した。ピグミーのあらゆる集団が、たいていの時期は狩猟採集民として生活しながらも、村人と共働するようになっていった。村では、ピグミーは農耕民と生涯にわたる一対一の関係を築き、一年のうちのある期間は農民の畑で働き、作物や他の品物をもらう返礼として、獲物の肉やはちみつを農民に与えた。ピグミーと農耕民とのつながりがとても古くからあるので、自分たちはもともとピグミーに森に連れて来られたのだと信じている農民もいるくらいだ。[37]

しるしが担う主な役割についての説明のひとつに、よそ者のやりかたでは弊害が生じるような場合に、よそ者の方法をまねさせないようにするというものがある。[38] 私の考えでは、この説はまちがっている。もちろん、危険な薬が社会に入ってくるなど、外部からの影響が有害な例はある。しかし、ピグミーと農耕民のように近隣の者どうしがはっきりと異なる場合は、両者は互いから自身に適したものを取り入れようとする傾向があり、文化を横断することから災難がもたらされることはない。

これらの例にあるように、歴史を通じて人々は、互いのちがいから生じる不利益を利益へと変えていった。最初はきっと、コミュニケーションを取ることはかなりの困難だったのだろう。それでも、二つの集団の求めるものが大きくちがっていることから、たとえ双方が相手のほうが劣っていると思っていたとしても、手強い競争相手にはなりそうにないとわかった。むしろ、両者の生活様式や技能は、相互を補完するものかもしれない。ただし、そのような味方どうしであった場合でさえ、消えかけていたとしてもバイアスのあるせいで、それぞれがもっと都合の良い取引をしようと立ち回るために、両者の条件がまったく公平になることは決してなかっただろう。

ここまでは、よそ者を——たとえば彼らの温かさや有能さについて——どう判断するかが、彼らを恐ろしい人で、もしかすると敵対する存在であるとみなすか、あるいは誠意をもって交渉できる人物であるとみなすかに影響を及ぼすという話だった。社会間の類似点やちがいが、こうした評価の考慮に入れられなければならない。大昔の人々が他者とうまくやっていくやりかたを改良してから、社会間の相互作用が今日のような、多様で微妙な意味合いをもち、時間をかけて順応することができるようなものへと変わっていったのだろう。イロコイに属する部族は、同盟が結ばれる以前は互いにたいして暴力的だった。それどころか、和平の同盟は戦いを経てようやく実現した。「ときに、誰かに戦いをやめさせる最善の方法は、戦いをやめるまで戦い抜くことだ」とイロコイの研究者が冷酷にも記している。[39] イロコイが交渉の末に休戦を定めると、今度は遠くの戦場にいる部族らが不安に襲われた。皮肉にも社会間の平和から、ある地域では暴力がいっそう激しくなることがある。平和協定の枠に入らない人々にたいして、もっと危険な敵が出現するからだ。[40]

心理学的反応として、戦うか逃げるかのどちらかを即決することが根本にあるのは否めない。扁桃核にある神経細胞は変わることなく古くからある警戒信号を発信するか、状況が有利であれば信頼と同盟へと私たちを注意深く向かわせる。こうした衝動を克服し、互いに偏見をもつ社会間において相互的信頼を打ち立てることは、厳しい状況下では複雑な作業であり、外交において非常に大事な要素となる。一丸となって行動している人々がつけあがって利己的になり周囲と競争するようになることで、良い関係が揺らぐ場合もある——そして敵が生まれるための格好の土壌が作られる。[41] 競争から自民族中心主義が生まれるのではないが、そうした考えかたの不快な側面が引き出されることはしばしばある。[42]

共通の敵をもつことで社会の人々が結束する場合は確かにあるが、社会間の同盟がそもそも存在しうるという事実は、自身の社会を特に好むことと、よそ者のことを良く思わないことは、心理学的に別々の行為であることを示す確たる証拠である。一方の行為は、もう一方がなくてもありうるのだ[43]。他者を自分より劣っているとみなす行為が暴力につながるとはかぎらないということが、マカクザルによって実証されている。以前に、マカクザルがすぐによそ者を害虫と結びつけるという話をした（こわい、クモだ！）。しかし、こうしたバイアスをもつ結果、よそ者の群れに襲いかかるのではなく、ふつうは干渉をしない[44]。言ってみればこうした不寛容の欠如がおそらく、人間の原初的な同盟関係が打ち立てられる出発地点となったのだろう。

ここ数世紀では、たとえ大規模な残虐行為を考慮に入れても、社会間での攻撃のために命を落とす可能性は世界的に見て低下してきている。国家間の接触が増えたために平和が促進されていると言えるだろう。国家は、国境を越えた才能や資源にこれまでよりいっそう頼るようになってきている[45]。理論上は、資源が不足して国際的な秩序が圧迫されているような時期には、相互に依存することで関係が緩和される。暴力を避けるには、善意以上のものが必要だ。対立よりも平和のほうからより大きな利益が得られるように、長期にわたって努力することが求められるのだ。こうした最小限の要件が満たされないときにはいつでも、どの国も、国際秩序を保障するルールに従うことを拒否する者たちに対抗しなければならない。これは高邁《こうまい》な目標だ。人間以外のどのような種も、平和を保つために社会が協調して働くことはない。

社会間の関係の移ろいやすさは、社会のなかの人と人との絆がつねに固定したままではないという側面と似ている。社会のメンバーのアイデンティティはとても長い時間をかけて変化していく。その道筋はおおまかには予測することができる。その移ろいは、社会の盛衰に関係しているのだ。

第7部　社会の生と死

第19章　社会のライフサイクル

「社会が誕生するとき、そして死を迎えるときをおおよそにでも特定するにはどうすればよいかさえ、私たちは知らない」と、著名なフランス人社会学者のエミール・デュルケームが優に一世紀以上も前に嘆いた。[1] 社会についての主要な疑問――どのように築かれ、どのように発展し、どのように他の社会に取って代わられるか――には実際的そして学問的な重要性が明らかにあるにもかかわらず、一八九五年にデュルケームがこう述べた以降も決定的な答えはまだ出ていない。デュルケームは、彼と同時代の生物学者たちでさえ社会の生と死についてほとんど解明していないと指摘した。今では、ある種の生物については社会のライフサイクルが詳しく研究されているが、じつはこの観点は今日にいたるまで、自然科学の分野においては論点が漠然としているとしてあまり顧みられていない。社会学者や歴史学者は、社会――古代エジプトであれ旧チェコスロバキアであれ――の誕生や崩壊を、その社会の歴史に特有の出来事として扱いがちだ。

もちろん、悪魔は細部に宿る。それでも、自然界における社会の盛衰を見れば、私たち人間の社会集団は出現しては消滅するように進化を通じて設計されていることがわかる。ちょうど、個々の生物の体がそう作られているように。社会の満ち引きは、メンバーたちが互いのアイデンティティをどのようにとらえるかということと関連している。動物の行動も、人間が変化していく社会環境において自分のアイデンティティを形作るやりかたも、社会の喪失および変容と密接に結びついている。このアイデンティティにかんする根本的な問いに関連するものに、精神的な打撃《トラウマ》という重要な問題と、それが社会のライフサイクルにおいて残念ながら必須なものであるのかどうかという疑問がある。

社会の発生と変容が進展する過程は個々の種に特有であり、それぞれの種の歴史の物語の根幹を作る。その物語は、当の動物の進化の歴史とメンバーたちの相互作用のルールと利用できる資源によって変わってくる。まず、ひとつのテーマが見えてくる。生活するためには、食料や安全やつがいの相手といったニーズをつねに満たすことが必要だ。これらのニーズが満たされないとき、身体的・社会的なストレス要因が高まり、社会の崩壊に拍車がかかる。たいていは、環境によって維持できないほどに社会が大きくなりすぎると問題が非常に深刻化する。たとえ大きな社会が近隣の社会を侵略できても、人口が膨れ上がってメンバー内での競争が激化し、誰が誰なのかを一人ひとりが記憶しておくという負担も課される。そうして、個体の関係性を巧みに扱い、協調的に行動する能力が低下していく。[2] このことから、忠誠の対象が社会の内部にある小集団へと切り替わる。すなわち、全員がうまくやっているような別々の集団へと。

下位集団が分離して独立した社会になるのは、脊椎動物にとって必須のことだ。たとえば、ライオンの群れが大きくなりすぎてメンバー全員を養えなくなると、何頭かの雌ライオンが離れていく。攻撃的な雄が群れに加われば、別の雄を父親にもつ子どもを育てている雌が群れを出たりもする。群れを分裂させることで、新入りの雄が子どもを殺すのを避けるのだ。大きくなりすぎた群れにいるライオンたちは、最もよく知っていて最も仲の良い者たちと一緒に再出発をすることを強いられる。これは、個々を認識することに頼っている種に典型的な例だ。[3] このような関係の断ちかたは、これまで離合集散（fission-fusion）という用語で説明してきた分離（fission）とははっきりと異なる。離合集散を行なう動物——個々のメンバーが自由に別れたりふたたび一緒になったりするライオンやチンパンジーや人間のような種——においては、社会のメンバーが一時的そして偶発的に社会を離れることが定期的に起こる。社会が分裂すれば、それをつなぎ合わせて元に戻せる可能性はほとんどない。[4]

チンパンジーとボノボにおける再出発

どのようにして新しい社会が生まれるかという点において、私たち人間にとても近い大型類人猿のチンパンジーとボノボについてわかっていることはとても少ない。この重要な出来事はめったに起こらない。脊椎動物の社会はだいたい、一〇〇年に一回とまでは言わなくとも数十年に一回しか発生しない。めったに起こらないことから問題が生じる。たとえばデータが乏しい。そのためさらに困ったことに、社会の発生や崩壊にたいして重要な意味をもつ出来事を軽視することや、それらがまれな事象だからという理由だけで例外であるとして無視することが容易になってしまう。そのような出来事の背景には、社会の外部から新たな者が到来することや、社会のなかで重要な動物が死に絶えることなどがあるかもしれない。どちらの変化も、集団の安定性を脅かす可能性がある。

おそらく、このことを最もよく示す例が、ジェーン・グドールが一九七〇年代に記録したゴンベに生息するチンパンジーのあいだで起こった残酷な紛争だろう。そこで起こったことを見ると、社会がどのようにばらばらになるのかがよくわかる。チンパンジーの群れは互いに友好的になることは決してないが、当時、非常に強烈な激しい行為が噴出したきっかけが何だったのかを、現在の霊長類学者たちは知っている。かつてはひとつの社会だったものが、二つに分かれたのだ。その分裂には長い時間がかかった。何かがおかしいと初めて感じるようなことは一九七〇年に起こった。一部のチンパンジーのあいだで、群れの残りのメンバーよりも互いと行動を共にすることが明らかに増え、二つの下位集団が形成された。それを派閥とよぼう。一九六八年にグドールが初めてゴンベにやってきたときに、少なくともゆるやかにではあるが派閥がすでに存在していたことを示す証拠がある。いずれにせよ一九七一年には派閥が固まり、一方が縄張りの北部を、もう一方が南部をつねに占拠していた。[5]

当初、二つの派閥が出会うと友好的に交流した。両派閥の優位に立つ雄たちは、遭遇すると猛烈に襲いかかったが、群れのなかで最上位《アルファ》の地位をめぐり争う者たちがつねにけんかをすることはよくある例だった。しかし一九七二年に二つの派閥は分離して独立した社会を作り、二度と交わることがなかった。グドールは、チンパンジーが別個のメンバーからなる二つの社会に分離したと理解し、それぞれの群れをカサケラとカハマと名づけた。分裂後に暴力が始まった。カサケラのチンパンジーたちが、勢力の弱いカハマを襲って南に追いやり、最終的にはカハマの群れを消滅させて縄張りの大部分をぶんどった。[6]

ゴンベで起こった二段階のプロセス――内部で派閥ができてから分裂する――は、社会で生活する霊長類についてならどこでも見られるもののようであり、二〇種類以上のサルの種の群れについてこれまでに記録されている。[7] なぜこういったことが起こるのかについては推測するしかない。人間がそうするように、脊椎動物は、味方とつがいの相手を求め、敵からは逃げるか戦うかし、その他の者たちは顧みない。離合集散しながら移動しているチンパンジーやボノボでは、個々の者は、変化していく派閥のなかで、そのときの自分の利益に最もかなうほうをどちらでも選ぶことができる。彼らはふつう、幅広い関係を培い、移動する縄張りのなかのどの地点においても社会的な機会を作り出していく。このような行動によって、群れ全体が相互につながった状態が保たれる。しかし、おそらくはチンパンジーの数が多すぎてストレスが強まると、たいていは好ましい者たちからなる扱いやすい集団のほうに注意を向けるようになり、派閥が出現するにちがいない。最初のうち、派閥内の者たちはもともとの群れの一部であり続け、多数の社会的なつながりが残されているために、派閥どうしは何事もなく交流する。しかし、いっそう多く別々の時間を過ごすことから、各々が「あちら側」にもっていた味方が、ついには自身の生活のなかから消えていく。カルト集団に入った友人と縁を切るときのようにきっぱりと。最初に派閥ができてから数カ月か数年後に、もう一方のメンバーたちとの関係が断たれる。チンパンジーのあいだで残っていたつながりのすべてが切断される（第4章で述べたように、異なる群れにいる雌どうしの秘密の友情というまれな例外はある）[8]。こうして、ひとつの群れから複数の独立した実体が生まれる。この二つの社会は、アリのどのような二つの集落《コロニー》とも同じように、相容れないものだ。

じつのところ霊長類学者たちは、チンパンジーにおいてこうした経緯がどのように展開していくかについて具体的なことをほとんど知らない。観察された分裂の唯一の例がゴンベでの事例だ。同じく、ボノボの群れが分裂した事例の記録がひとつだけある。その経緯は、ゴンベでの事例とかなりよく似ていた。ゴンベと同様に、研究が始まったときにボノボの派閥はすでに存在していたので、なぜ、どのように派閥が作られたのかはわからない。二つの集団は、研究の対象となっていた分裂するまでの九年間にわたり、二頭の雌が派閥をくら替えしたことと、一頭の雄がもう少しでそうしそうだったこと以外の点では、ずっと安定していた。時間がたつにつれ、派閥間で騒々しいけんかが起こるようになった。実際に分裂した後、二つの群れは距離を保っていたが、一年後には、ボノボの別々の社会がふつうそうであるように、友好的になった[9]。

社会の個体数の上限を決定するにあたって、分裂が重要な鍵となるにちがいない。チンパンジーの群れの個体数は一二〇頭を大きく超えることはめったになく、ボノボの群れの個体数はそれよりわずかに少ない。それくらいのサイズの群れであれば、近隣の者たちを支配できるくらいに大きいことから成熟した群れとみなすことができるが、そういった大きさには困難がつきまとう。社会内での関係が緊張をはらんだものになるかもしれないのだ。もはや互いをあまりよく知らないような、大きくなりすぎたライオンの群れがそうであるように。この点から、社会は成熟した時点で分裂すると思われるかもしれない。そう考えることが正しい場合も多いはずだ。しかし、少なくともゴンベではそうではなかった。ゴンベで群れが分裂したとき、群れにいたおとなはわずか三〇頭だった。明らかに、社会を断絶させるような圧力は、いつどんなときにも生じうるようだ。ゴンベでは、たぶん研究者たちが分裂のきっかけを作った。観察をするためにチンパンジーを近くに来させようとしてバナナを与えたのだ。一見するとよいアイデアだったが、意図せぬ結果を生むことになった。チンパンジーはたいてい分散することによって、群れのなかで他者と争うことを避ける。この手法がうまくいくのは、食料のほとんどがまばらに点在しているからだ。しかし、ゴンベにいるすべてのチンパンジーたちが一カ所に集中した食料を奪い合うようになると、争いが激化し、後にカサケラの集団を形成しカハマを抹殺することになる者たちが餌を独占するようになった。二つの派閥が向け合う憎悪は、バナナが撤去され、全員が食料不足に直面すると、ますます高まっていった。

優位に立とうとする闘いによって、分裂が促進されることもあった。ゴンベでトップに君臨する雄のリーキーが死んでから数カ月のうちに明確な派閥が出現し、権力の空白が埋められることとなった。二番手にいたハンフリーは、兄弟のチャーリーとその親友のヒューの勢いが増していることを認めようとしなかった。争いが絶えず、雄たち全員が誰の側につくかを選ぶように強要されている状況を想像してほしい。そういう場合、社会的な安定性が高く、優れた戦闘能力があり、食料やつがいの相手をたくさん与えてくれるような下位集団を選ぶことが好ましい。この場合はそうではなく、個々の者たちが、アルファの雄たちがたまたま好んだ区域のうち、どこかの場所を選んだだけかもしれないが。ハンフリーは縄張りの北半分を好んでいた。そこにはやがて、カサケラの群れが確立されることとなった。マウンテンゴリラからウマやオオカミにいたる種では、アルファの地位をめぐる争いが原因で社会がばらばらになる。ヒヒの群れは、雌がお気に入りの雄を取り替えたり、圧政的な雌に反抗したりすると分裂する場合がある。[10]

　社会が分裂するとき、社会的な対立がつねに起こるとはかぎらない。社会性昆虫の場合は、大多数のアリも含めて、女王が自分の生まれた巣を離れて自身の新たな巣を築いても、衝突は起こらない。これとはちがって大量のメンバーがいないと社会が機能しないミツバチや軍隊アリの場合、もとのコロニーを分割することによってコロニーを形成するが、このやりかたに攻撃は必要なく、他の動物とは異なる過程をたどる。働きバチや働きアリが二つの集団に分かれ、半分がもとの女王につき、残り半分が女王の娘で新たな女王となる者につく。女王への忠誠が分かれるにもかかわらず、すべては円滑に進んでいく。[11] さらに脊椎動物のあいだでも、社会が友好的に分割されることがある。大きくなりすぎたゾウの少数の群れ《コア》は、リーダーの雌が死んだ後にまとまりを失うことが多い。不安定な状態になると、コアのメンバーたちは自身と年齢が近い雌のまわりに集まっていく。こうしてできた派閥間の距離がどんどん開き、ついには独立した集団になる。いつもそうとはかぎらないが、友好的に独立する例が多い。マッコウクジラも、おとなが一五頭以上になり群れが大きくなりすぎて活動に支障をきたすようになると、たいした軋轢もなく新しい社会を作る。群れが下位集団に分かれ、それらがどんどん遠くへ移動し、ついには別々の群れになる。そこに社会的な緊張はない。しかしこれ以外の脊椎動物の場合では、ある程度の争いがあるのがごくふつうだ。

学ぶべきことはまだまだ多い。そして幸運なことに、ウガンダでチンパンジーの群れが分裂する途上にあり、もっと詳細な記録が得られるかもしれない。そこでは、ひとつの群れの個体数が二〇〇頭に達した。これまでに記録されたなかで最大の数だ。その群れのなかで、一八年以上前に派閥が形成された。群れが今まで存続していることから、メンバーたちが独立にいたるまでの長い時間をかけて、どちらの社会を選ぶかを検討できていることがわかる。[12] 派閥は、ことことと煮込まれている料理ではないかと私は思う。個々のメンバーは、独立してやっていける社会が確立されるまで、混ぜられた具材に順応しているのだろう。

社会を創設する分裂以外の方法

分裂は、社会を誕生させる唯一の方法ではない。おそらくは、私たち人類という種においてさえ。哺乳類のなかには、個体が単独で、あるいはつがいの雄雌が、社会を創設する種がある。たいていのアリやシロアリのように、女王と雄が巣を離れるという手法に似たやりかたで。この手法では分裂よりも、個々の者たちが危険にさらされる。社会にしがみついていることで得られる安全は利得であり、メンバーたちはそれをめったに手放すことはない。大きなチャンス（一頭だけなら養うことのできるような空間がある）や危険（群れから一頭やひとつの集団だけが追い出されたときなど）があるとき以外では。哺乳類ではハダカデバネズミだけが、社会が形成される通常の過程において単独行動をする。裸で無防備ではあるが、これから待ち受ける試練に備えて丸々と太り生まれた巣穴からさまよい出て、雌も雄も、新たな集落《コロニー》の出発点となる部屋を掘るために、一時、危険な地上生活をする。そこで自分を見つけてくれる一頭か複数のつがいの相手を待つ。[13] ときにはプレーリードッグや、場合によってはブチハイエナのつがいが、自分たちと同じ種の者たちが使っていない場所で店開きをすることもあるが、どちらの種でも通常は分裂して社会ができる。妊娠したハイイロオオカミが単独で群れから離れることもあるが、誰の助けもなく狩りをしたり敵をかわしたりするのは大変だ。このような一匹オオカミが長く単独行動を続けることはめったにないが、雄が加わったとしてもあまり危険は減らない。二頭では群れにははるかに及ばない。

切迫した状況にあるチンパンジーが単独で生き延びることもある。ギニアのある地域では、チンパンジーの雄がときおり生まれた群れを後にする。こうした行動はチンパンジーの雌にとってはふつうのことだが、群れを捨てた雄は別の群れに入ることはできない。おそらく、その群れの雄たちに殺されるからだろう。それでも、ギニアのチンパンジーたちは土地にしばりつけられているわけではない。もしも雄が群れの縄張りと縄張りの隙間に安全な場所を見つけることができたなら、その場に留まり、どこかに移住しようとしている通りがかりの雌とつがいになろうとする。そういう雌がいて、雄と一緒に一から群れを作ろうとするかどうかはわからない。ただし、成功の見込みは低いはずだ[14]。

人間にとって、社会の一部であることはほぼ必須だが、絶対的な要件というわけではない。子どもの頃に他の人たちに頼ることは別にして、人間は相互依存が必須の種であるという主張は大げさだ[15]。独力で、あるいは夫婦か一家族だけでやっていくことが、ときには得策な場合もある。西ショショーニが季節によって家族単位に分かれるが、毎年バンドに戻ってくるという話を先にした。完全にひとりで生きていこうとする人はほとんどいないだろう。一九九二年、二四歳のクリス・マッカンドレスがヒッチハイクの旅に出て、アラスカで孤独な生活を試みたが、悲劇的な結末を迎えた。その経緯が、ジョン・クラカワーが一九九六年に発表した『荒野へ』（佐宗鈴夫訳／集英社）に記されている。生涯にわたり孤独の状態でいることは適切ではない。男女二人が無謀にも世を捨てて孤独に生きようとしても、一から社会を作ることに成功する見込みはほぼゼロに近い。[16] ウィリアム・ビーズリーが一九八三年に著した『最後の遊動民（*The Last of the Nomads*）』には、オーストラリアの狩猟採集民マンディルジャラの二人、ヤトゥンガとワリについての興味深い逸話が描かれている。部族の掟で二人の仲が認められなかったために、彼らは二人きりで生きていくことに決めた。二人は数年後、干ばつのために死にかけていたところを救い出された。[17] 天候に恵まれていたなら、今頃は孫がいたかもしれない。たとえそうでも、二人の子孫は、ひとつの社会の源流に位置していたため、危険な近親交配をしていただろう。このように総合的に見れば、単独行動は最後の手段だ。戦略は数に応じて定まる。アリのコロニーからは、将来女王になる雌と、その雌たちと交尾をする雄が何百匹と飛び立つ。だから、未来の女王のほとんどすべてが死んでも、コロニーはふたたび作られる。アリに匹敵するような多産な脊椎動物はいない。

二人では失敗するところでも、小さな集団ならうまくやれる見込みがあるかもしれない。社会から少数の個体が出て行って、首尾よく独立した集団を作ることは「バッディング」（芽接ぎ）とよばれる。[18] 理論的には、遠くまで行く必要はない。数頭のオオカミやライオンが、それまで属していた社会の縄張りの隅に陣取って、すでによく知っている場所へ行きやすい利点を活用することもあるだろう。もしもそういう少数の個体がもっと遠くまで移動すれば、そして偶然に、乳と蜜の流れる土地、あるいはその種にとってそれに相当する物がある場所に到着すれば、とてつもなく大きな物が得られるだろう。そのような大当たりを引いた究極的な例が、アルゼンチンアリの侵入だ。もともとはわずかな数しかいなかったコロニーが急成長して、何十億ものメンバーを擁するスーパーコロニーになる。先史時代における人類の移動は、これとよく似ていたのだろう。あらゆる侵入的な種と同様に、初期の人類は、競争相手がほとんどあるいはまったくいない場所を探し出したときに、最も大きな成功を収めた。北米の部族の一部はこのようにして始まった。北極圏近くに住むアサバスカンが今から五〇〇年以上前に現在のメキシコやアメリカ南西部に移住して、アパッチやナバホの祖先になったように。勇敢な人々がはるか彼方の土地まで移住した、もっとドラマティックな事実もある。初めて作られたいかだに乗ってアジアからオーストラリアまで航海をした人々が、まさしくそうだ。かつての社会の仲間たちとのつながりを完全に断った彼らは、すべての土地を自分のものだと主張できたが、舟に乗って長旅を生き抜いた人々の背後では、ぞっとするほど大勢の人々が命を落としたにちがいない。

自然界にはこれ以外にも社会を作る方法が存在するが、そうした手段はおおむね人間には使えないようだ。ミーアキャットやリカオンの場合、ある群れからやってきた少数の雄が別の群れからやってきた少数の雌と合流して、群れが始まることがしばしばある。このグループデート的な手法を取れば、できたばかりの社会に最初からかなりの数のメンバーがいるので比較的安全だ。[19] ウマの場合、さまざまな群れを出て放浪していた者たちが、まるで小さなるつぼに収まるように、つながり合って群れができることがしばしばある。人間の場合、これに最も近い例が、大量のメンバーが殺された集団出身の人々がまとまって共同体を作るものだ。一部のアメリカン・インディアンや、脱走したアフリカ人奴隷たちがそうしたように。後者はマルーンという名でよばれ、南北アメリカ大陸のあらゆる土地に散らばって社会を築いた。[20]

新たな人間社会を創設するための原動力

こういうわけで分裂が、人間やその他ほとんどの脊椎動物において社会を誕生させる通常の過程であると思われる。分裂には、すべての種にとって明確な利点がある——結局はどちらの側もふつう多数で出発するからだ。[21] それでも人間社会の分裂は、ミツバチによくあるような、ストレスが一切なく、自動的に進行する社会の分離とは似ていなそうだ。昆虫の社会では不満を抱いた暴徒が蜂起することはないが、なにせ人間はけんかっ早い脊椎動物の典型だ。豊富な情報から、狩猟採集民のバンド社会の破綻を招いたと思われる要因を特定し、そうした要因が、今日の国家も含めた定住社会の崩壊にどのようにかかわってくるかを推測できる。

遊動的な狩猟採集民の場合、分裂を促進したのは、家族内での争いや、プライバシーがほとんどなく社会からの干渉が過剰であるというような身近な社会問題ではなかっただろう。たとえそうした軋轢が、人口が増えるにつれて表面化したとしても。[22] 縄張りのなかの他の場所にいるバンドへと容易に移動できたことからすると、そのような争いは、社会を分裂するという痛みを伴わなくても解決できただろう。[23] バンドが機能不全に陥って仲間割れしても、誰ひとりとして、自分が誰であるかという感覚――自分のアイデンティティ――に影響を受けることはなかった。社会のなかの誰と一緒にいるのがより快適であるかを選択した後にも、人生は続いていった。これとはちがって社会の分裂はふつう、多数のバンドにまたがったさまざまな集団に属する人々のあいだで断絶が生まれた結果に起こるものなのだろう。その時点で、人間に近い霊長類の種と哺乳類が実践することが観察されている、二段階の行動を人類も行なったと思われる。まず派閥が出現し、メンバーたちの派閥へのつながりがどんどん強くなり、たいていは何年も後になって派閥間の関係が断たれた。

何が原因でそのような派閥が生じたのかが問題だ。なぜなら、人間以外の脊椎動物において派閥を生み出す要因の多くは、人間の社会においてはあまり重要ではないように見えるからだ。だからこそ、そうした要因について検討する価値がある。バンド社会にはリーダーがいないため、バンドの運命は、優位性を求めて競争する複数の者たちをそれぞれに支持するゴンベのチンパンジーたちとはちがって、特定の個人の行動にかかるわけではなさそうだ。いずれにしても、分裂を強制することはできなかったと思われる。バンドの人々は、そんな発想には反対して立ち上がっただろう。[24] 協調して行動することが難しいためにときおり問題が生じたかもしれないが、バンド社会で遠くに離れて暮らしている人たちが、ともかく複数で集まって協力するような必要性はふだんほとんどなかった。さらに、バンドで生活する人々は、ごく近しい家族以外では血縁をあまり重視しなかったので、人口が増大して生物学的な血縁関係の絆が弱くなっていっても、たいした問題ではなかっただろう。どのみち、父、おば、などとよべるような架空の血縁者たちが社会のどこにでも存在していたのだ。社会が大きくなりメンバーが一〇〇〇人を超えるようになると、どのような種類であれ特定の味方とのつながりを保つことがいっそう難しくなっていったかもしれないが、おそらくはそれほど大きな問題ではなかったと思われる。そして、大きいもの（儀式や言語）であれ小さいもの（癖やしぐさ）であれ共通のしるしを使うことで、見知らぬ者の存在は、チンパンジーやボノボの大きくなりつつある群れにおけるほどには、もはや問題にはならなかったのだろう。

食料や水、つがいの相手、安全な隠れ場といった、人間以外の種において社会が分裂するときの重要な要素が、私たち人類においてもきっと、多くの社会の衰退を最終的に招いたのだろう。それでも、こうした資源の不足は、その過程にとって必ずしも必然だったわけではない。

まさに、社会全体でしるしを共有することによって、人々は、社会が分裂する前に派閥が形成されるという哺乳類に見られるパターンにひねりを加えている。そして、個々を認識する社会から匿名社会へと移行することで、社会の破綻を招く直接的な要因に差が生じたのだろう。人間社会の崩壊においてしるしが果たした重要な役割は、すぐには明らかにならないかもしれない。それでもしるしには、他の霊長類なら関係を断つ要因となるようなメンバー間の緊張を緩和する力がある。人間が互いに強い一体感をもつと、非常に苛酷な状況において耐え忍ぶだけでなく、一丸となって活躍するという現象が歴史上繰りかえされる。[25] 人々を飢えさせようと迫害しようと、ひとところに集めようとばらばらにしようと、確実に次のようになる。近しい家族だけに留まらず、人々とのつながりを非常に強くしている絆によって、他のメンバーたちとの一体感が生まれるのだ。サルやプレーリードッグの群れならメンバー間の関係が完全に損なわれてしまうところ、人間はしるしから、自分の社会にたいして忠実であり続けるための回復力を与えられている。

しるしのおかげで人間の社会は頑丈になるが、しるしによって与えられた安定性もやがて当てにできなくなる。人間にとってメンバー数の規模は、チンパンジーの場合のようには問題にならないかもしれないが、バンドに散らばって生活している人たちがそうであるように、たまにやりとりをする人の数が増えていくと、アイデンティティのもとで社会の統合を保てなくなるという問題が生じうる。この点は、直観的にはわかりにくいかもしれない。人口が多ければ他の社会を打ち負かすにあたり有利なことから、私たちの祖先が仲間とよそ者とを区別するためにしるしを使い始めると、社会は際限なく拡大することができただろうと思われるかもしれない。なにせ、アリの用いるしるしは信頼できるものなので、小さな社会と結びつく場合と同じくらいの努力で、天文学的に巨大な社会にも結びつくことができるくらいだ。アルゼンチンアリは、大陸全体に広がった後でさえも、スーパーコロニー内の他のアリたちと同じひとつのアイデンティティを使い続けている。

しかし、アリの社会を定義する一定の分子混合物と、人間の社会を結びつけている言い表すことができないほどに多様なしるしとは区別されなければならない。私たちのしるしは石に刻まれているわけではなく、変更が可能であり、社会階級に応じた別々のしるしや、地域によるちがいなどが生まれる。では、私たち人間において、分裂を招く派閥はどうして出現するのか？　社会で使われるしるしの変化が、メンバーの順応を待たないままに積み重なっていくと、社会には派閥が増えていくだろう。最終的には——次に説明するがバンドの場合は意外に早く——すべての社会は限界点に到達する。

第20章　ダイナミックな「私たち」

オーストラリア、アリススプリングスの北部と西部にある砂漠に住み、部族の踊りとアートで有名なワルビリは、自分たちはずっとここに存在し、この地との長く変わらぬ宗教的なつながりをもち続けていると考えていると、人類学者たちが一九五〇年代に記している。[1] しかし、彼らにとっても私たち全員にとっても、安定した社会というのは幻想だ。私たちは文化的健忘症にかかっている。選択的な記憶をもつために、自分たちの民族にはそれを支える本質が根底にあり、その本質はアイデンティティを示す重要な標識によって刻み込まれていると思っている。実際には、しるしはつねに変化している。アメリカ合衆国の国旗に描かれた星の数は一三個から五〇個に増えたが、市民と国家の結びつきが弱くなってはいない。それどころか、星が増えることは誇らしいこととなっている。日常的な労働力の一部として奴隷を使うなど、その時点で社会の生活に不可欠であると思われるような物事のありかたでさえ、変化するか廃れるかする。長期的に見て影響をもたらすのは、私たちが重んじている具体的なしるしではなく、流行しているどのようなしるしも、その時々で社会の境界線を無傷のまま保つことに役立っているということだ。これは、社会は変化を免れないということを意味している。[2]
先史時代に人間の行動がかつてない勢いで段階的な変化を経て以来、社会の特徴はつねに変容し、増強され続けている。物事を適切に行なう方法は時代の流れとともに変化しているが、そのために社会が不安定になったり、社会間の切れ目が侵食されたりはしていない。しかし、この復元力が衰えれば、私たちの足下は不安定になるだろう。

改善と革新

長期的に見れば、社会間の境界線が社会を定義するしるしに勝るようになる。それでも社会のメンバーたちは、社会の顕著な属性とみなされるものに影響を与えるような変化を最小限に抑えるように行動する。文字を使う以前の人々にとって、信仰から踊りまでアイデンティティを形作る多くの要素は、驚くほど正確に長年のあいだ保持されていた。反復と儀式化が「経験のない者にはほとんど解読不可能な『暗号』を作り上げる」ことに役立ち、そのおかげでたいていの場合は細かな点までがずっと残っていたと、コネティカット大学の人類学者は述べている。[3] 狩猟採集民の儀式や物語を調べてみなくても、この点について納得することはできる。古代ギリシアでは、アルファベットが発明される前に『イリアス』と『オデュッセイア』が口承されていた。このように粘り強い学習が必要とされる文化の側面にたいして、人間はおおむね上手に対処する。それを成熟とよぼう。なぜなら、ほとんどの社会において重要な通過儀礼は、大人の行動を身につけ責任を引き受けるということを示すものだからだ。しかし、伝統がこのように継続されていても、狩猟採集民には、どう行動すべきかについての不変の基準がなく、彼らのしるしを何世紀にもわたって使わせるような手段をひとつももっていなかった。初期の人類は、静的で不活性な真空のなかに生きているのではなかった。しるしの変化するペースがほとんど気づかれないほど遅かったことが、考古学的な証拠からわかっているにしても。

最もしっかりと定着したのが、生き残るために必要なスキルだった。それをいちばん明確に示すものが、石器の種類が長期にわたり一定だったことである。それでも、人々が必要に応じて生活の手段を変えようとすることが妨げられはしなかった。一部の人々は自分のやりかたに固執して、悲惨な結末を迎えはしたが。たとえばグリーンランドに住むバイキングは、ときおりの交易を通じて母国とのつながりを保っていて、教会からヨーロッパ風の農耕生活を営むように圧力をかけられていたようだ。クジラやアザラシを狩るという地元のイヌイットのやりかたを受け入れるのではなく、輸入した家畜を育てるなどというまちがった努力をしていたなら、彼らの集落のいくつかは飢え死にしていたかもしれない[4]。

それでも、機会を追求しようとする意欲は、人間に特有な特徴だ。そうした順応力を見せる最上級の例がプメである。ベネズエラのサバンナにある狩猟採集民のバンドで暮らすプメは、トカゲやアルマジロ、野生の植物を食べるが、川沿いにあるプメの村ではキャッサバやプランテン（料理用バナナ）を栽培している。こうしたちがいはプメの内部ではほとんど問題になっていない。プメは誰もが、同じ夜通しの儀式トージャを行ない、同じ言語を使い、互いをプメとみなしている[5]。

私たち人間には柔軟性があるので、生計手段のちがいは人間の社会を区別するための重要な要素とはならない。そこが、別々のニッチ、すなわち生態学的な役割をもつ動物の種とは異なるところだ。もちろん、社会は異なる戦略を選ぶことができる。たとえば、海岸沿いにある社会は漁労に頼るのが理にかなっているだろうが、内陸部の社会は狩猟をするかもしれない。そして、そうした社会の人々は、このちがいを、自分たちを定義するものの一部とみなすだろう。しかし、同じ土地に暮らす複数の社会は、同じ物を食べ、同じ道具を作ることができる。それらの社会を外から見て区別できるのは、神話や服装にある恣意的な差異だけだ。

アイデンティティの変化のすべてが意図的に発生するとはかぎらない。人は、伝統的な手法をできるかぎり規定するが、世代が下るにつれて記憶が不完全になり、行動がうっかりと、ときには好ましくない方向へと変わってしまうことがある。先に述べたように、かつては海に精通していたタスマニア人が魚の捕りかたを忘れてしまったように。書かれた記録があれば喪失が遅らせられるが、食い止められることはない。社会が大切にしている物語でさえも。人々が寓話のように過去を描写すれば、不完全な記憶や新たな考えかたによって、きちんと記録された出来事であってもその受け止めかたが影響を受けることがある。文字を使用する以前、互いの記憶に頼っていた社会のメンバーは、人から人へと話される文章がねじ曲がり、理解不可能なものになる伝言ゲームの時代を生き延びた。ただし、彼らにとってこうしたゆがみは、生活様式のあらゆるところまでに及ぶ可能性があった。

　話し言葉それ自体の変化が、この傾向を最も鮮明に示している。世界規模でやりとりをする私たちの時代でさえ、とても多様な言語と方言が残っている。中西部の州での話し言葉に近いものが標準的なアメリカ英語であるとしばしば言われる。しかし、何世代にもわたってこの口調をテレビやラジオで聞き、部分的に順応した後でも、英語を話す世界各地の人々は、彼ら自身の独特な話し言葉や、言語の変化の軌跡を今まで保っている。一方、中西部の人々自身は、「彼らの」標準から逸脱し続けている。五大湖周辺での母音の音の変化は一九六〇年代に始まった。その代表的な例が、いくつかの単語でaの音を長く伸ばすものだ。たとえば、trap（トラップ）の発音がtryep（トリエープ）のようになってきている[6]。言語学者はこのような変化をおもしろがり、ブッシュマンのクンからイギリス王室にいたるまであらゆる社会における事例を記録している。

　言語でも料理でもしぐさでも、アイデンティティのしるしとして役立ちうるものは何でも、このように絶えず変形されつつある。一部の変化はおそらく、人々が物事をいつも同じやりかたで行なうのを退屈に感じることから生まれるのだろう。[7] たとえば交易や盗みによって品物やアイデアが流入し、新しいものがボトムアップ方式で取り入れられることもある。あるいは、大衆のあいだに流行が広まった結果、そうなることもある。随筆家のルイ・メナンドは、その根拠を次のように要約している。「私たちは、他の人たちが惹かれるものに惹かれ、好きでいる期間が長いほどそれをもっと好きになる」。[8] 私たちが当たり前のようにスカートの裾の長さや携帯電話の人気アプリなどの流行の移り変わりに乗るようには、狩猟採集民が流行に乗ることはなかった。そのうえ、彼らの文化では、現代のようなやりかたで肌に色を塗ったり音楽を奏でたりした。人々はきっと、新しい社会的な選択をためらいがちに受け入れて、やがてそれをいっそう好きになっていったのだろう。

ひとりの狩猟採集民が、何かこれまでにないものを思いついたとしよう。その発明がとても有益なものであれば、出所がどこかにかかわらず広まっていくだろう。それほど有益でなければ、人々がその発明に向ける反応は、発明者によって変わってくるかもしれない。人は、自分と同じ価値観をもつ人について行くことを好むが、風変わりなところのある親しい人に理解を示すこともある。狩猟採集民のバンドには明確なリーダーがいなかったが、多少の影響力があり模範となるような人物からトップダウン方式で新しいものがもたらされることはあるだろう。そのような者は、皆の選択を新しい方向へとそれとなく向かわせることができる。そこでは、憧れを抱く相手を無意識のうちにまねしようとする心理的な作用が働くのだろう。[9] たとえば、霊能力をもつ人の助言に従うこともあるかもしれない。アンダマン諸島民を観察した人類学者の話からわかるように。

……長く定着していた慣習が、預言者が「啓示」を得た結果、一晩で変わることがある。その新たな慣習も、そのうちに次の「啓示」によって覆されることになるのだが。私はこのことをオンゲのもとで経験した。有名な預言者エナガーゲがある日、狩猟の記念物を飾る方法について精霊から命令を受けたと発言した。それからは、狩猟民の寝床の頭上にある傾斜した屋根に水平に渡されたさおに、豚の顎の骨が重ねて串刺しにされることはなくなった。[10]

今日では、多くの文化の変化がティーンエイジャーから発信されている。彼らは先頭に立って「ふさわしい」ふるまいに異議を唱えているのだ。それでも、彼らの選択が社会において許容される範囲を超えれば、必ず反発をくらうことになる。時代の流れとともに、ヒッピーからスキンヘッドまでさまざまな人々が主流派に影響を与えているが、そうした変化を年長の世代が相殺している。変化の影響力が弱まるまで、年長者がそれを抑制しているのだ。若者と年長者のあいだのこうした闘いは時代を超越したものであるようだ。しかし、狩猟採集民の社会においてもそうした闘いがあったのかどうかは定かではない。バンドで生活する人々についての逸話のほとんどは、子どもたちがどのようにして伝統を学んだかばかりであり、伝統に反発したり新たな伝統を編み出したりしたといった話はない。しかし、子どもは子どもであり、人間の子どもが独立した存在へと成長していく過程において、反抗は必須のものだと思われている。少年少女が一般的にそうであるように、狩猟採集民の子どもたちも、髪型をいじくったり未知の土地を探検したりと、新しい体験を積極的に受け入れていたのではないだろうか。[11]しゃれたアイデアや手法や品物が遠い昔に出現したなら、それをもたらしたのはたぶん若者なのだろう。

外集団の誕生

バンド社会が分裂する過程の詳細が完全にはわかっていないのは、当たり前のことだ。分裂する瞬間にそうした詳細のどれかを把握することは、ほとんど不可能なのだから――実際、そんなことができた例は一度もない。言語が誕生する頻度が、社会がどれくらい長く存続するかを示すおおまかな指標となるかもしれない。種と種のあいだの遺伝子配列の隔たりが大きくなっていく分子時計とよばれる現象があるように、言語間の隔たりも長い時間をかけて大きくなっていく。こうした言語の変遷を測定すると、平均しておよそ五〇〇年ごとに社会が分裂することがわかる。[12] しかし、すべての社会において、言語学者がその社会自身の言語であると認めるようなものが発達するとはかぎらない。社会によっては、方言程度のちがいしかない場合もある。したがって五〇〇年というのは、社会の寿命としては長く見積もりすぎかもしれない。それでも、バンド社会の寿命を推定したいくつかの例を見ると、この値はそれほど大きく外れてはいないようだ。[13] また、この寿命は人間社会に特有なものでもない。チンパンジーの群れも同じくらいの期間存続するからだ。[14]

しかし、かなりおおざっぱに言って五世紀に一回、最終的な分裂が起こるかもしれない一方で、その瞬間までの準備にはとても長い時間がかかるため、何が起こったのかについての大量の証拠が残される。こうした切れ切れの情報を、人間の社会が一般的にはどのように分裂するかについてわかっていることとつなぎ合わせて、人類が誕生してからのほとんどの期間において、社会のライフサイクルがどのようなものであったかという概要を示したい。

バンドのなかでは、別の土地で起こっていることがらについて正確なことがわからないため、伝言ゲーム的な効果がいっそう強まっていた。変化が最も多く入り込むのは、社会のメンバー間での接触があまりないときだ。遠く離れて暮らしている人たちは互いを知っている必要はないかもしれないが、彼らの用いるしるしが同じものであり続けるためには、遠くにいるメンバーたちが何をしているのかを知っておかなくてはならなかった。特定の要因があれば、場所によってしるしが大きく変化した。縄張りの境界線上では当然、外の考えや品物に接触する機会が他と比べて多かった。辺境に暮らし、外部の社会と最も頻繁に接触する一方で、自身の社会の別の地域と触れ合うことが最も少ないバンドでは、他の土地に暮らす同胞とのあいだにちがいが生じてくるだろう。[15] さらに、境界線あたりでは、さまざまな地域でそれぞれに異なる隣人と接することから、事態はもっと複雑になる。だからバンドは、場所によってまったく異なる問題や機会に直面し、そのために、同じ社会の他の人々とのあいだでのアイデンティティのちがいが増していった。[16] その結果、縄張りの辺境に住む人々は、いっそう主流から取り残されるようになった。[17] こうした辺境の人々のなかで派閥が生まれた。

分裂を招く可能性のある多様さを前にして、ある人間の特性が社会をひとつにまとめるのに役に立つ。それは、そうしたちがいが目の前にあっても気づかないでいられる、というものだ。哲学者ロス・プールはこれを完璧に表現した。「重要なのは、全員が同じ国家を頭に描くことよりも、全員が同じ国家を頭に描いているというように思い描くことである」[18]。たとえ相違に気づいたとしても——狩猟採集民ならおそらく祝宴のために複数のバンドが寄り集まったときなどに——今日の人々がそうするように、対立が生じそうな場合には不快感を表に出さないように努めただろう。[19] それにもかかわらず、無作為に生じ、取るに足らないことのように見えていたかもしれないちがいが、ある時点で、重要なものとみなされるようになり、あまりにやっかいで無視することができなくなることがある。こうした集まりでは集団で活発に会話が交わされ、奇妙なふるまいが話題に上ることもあったにちがいない。あまり知らないメンバー、もしくはまったく知らないメンバーが何か予期せぬことをするのを見たときに、特に話題の種になるのだろう。人間は見知らぬ人にたいして、否定的な動機をもっているのではないかと推測しがちだ。もちろん、社会が大きいほど――狩猟採集民の社会でさえ――そのようなあまり知らないメンバーの数が多くなる。[20]人々の気持ちが揺らぎ、順応を強いるリーダーのない状態では、これまでよりも独特で自立した派閥が出現する舞台が整うだろう。それらを形成途上の外集団とよぼう。

チンパンジーの運命が、できたての派閥のどれに加わるか、それに応じてどこで誰と生活することになるかによって決定されるのと同様に、人間の運命も、どの派閥を選ぶかによって定まるだろう――たぶん誰を配偶者に選ぶかよりも。しかし狩猟採集民はしばしば、その選択をするにあたって頼りにできるものがほとんどなかった。何よりも、この先に何が起こるかを予測できそうになかったからだ。初期の人類が、社会の分裂を経験したことのある動物のように、以前にそれを体験していた可能性は低かったと思われる。変わりゆく状況を十分には理解できず、理想的な結果を正確に頭に描くこともできなかった。もっと都合の悪いことに、意思決定についての研究から、多くのものがかかっているときでさえ、人は自分の望むことがまったくわからないということが判明している。たとえば、多くの人が支持すると思えるような考えに賛成するが、実際にはそれが正しいと思っている人がほとんどいないような場合がよくある。[21]アイデンティティの問題について言えば、順序が逆になることがある。選択が良いか悪いかが、人がその問題についての立場を表明することを強いられた後になってようやく明らかになることがあるのだ。[22]

とは言っても、たいていの狩猟採集民がどういう派閥を選ぶのかはおおかた予測がつくだろう。人間は、なじみのある他者と一緒にいることを心地良く感じる。すなわち、自身のバンドのメンバーや、おそらくは近くに住むバンドのメンバーたちがそうだ。縄張りのなかでも特定の区域――「ホームグラウンド」――とのつながりのあること自体が接合剤となって、同じ派閥へと引き寄せられていくのかもしれない。ゴンベのチンパンジーのあいだにできた派閥でさえ、同じ土地を好むことから形成された。人々が時間の大半を過ごすそれぞれの土地に派閥ができる例が多かったわけは、目新しいしるしが、その発祥の地点から広まっていくものだからだ。狩猟採集民の派閥は、今日にある多くの文化的な差異と同じく、地域的なものなのだろう。

異なる派閥が敵対関係にある必然性はなかった。きっと、できてすぐの場合には。当初はまだ交流を続けていたゴンベのチンパンジーたちのように、人々は、互いのつながりがあるもとの社会にも帰属していた。最近の例では、ワルビリには友好関係にある四つの下位集団があり、それぞれが夢《ドリーミ》見《ング》や儀式について独自の見解をもっていた。一方、コマンチは三つの派閥に分かれ、それぞれが他とは少し異なる方言や踊りや軍事同盟をもっていた。[23] 人間は心のなかで社会を動物の種のようにとらえることから、社会のなかでのこうした多様性を、ひとつの動物の種のなかにあるちがいと同じように扱っているのではないかと私は思う。たとえば犬の交配種を、私たちはひとつのテーマから派生した変種のようにみなす（しかも、犬もそうみなしていることがわかっている）。これと同様に、自分たちの社会のなかにある他の派閥のメンバーを、私たちと「同種」に属する別の種類ととらえる。[24]

派閥が原因でいら立ちが生じるようになってくると、やっかいな問題が増えていった。「社会やその変化を正確に理解する妨げとなる主なものは、つねに、すべての社会において、いかなる既存の行動様式もそれが正当なものであるとする、とてつもなく強い確信がもたれていることである」と、心理学者のジョン・ドラードは断言した。[25] ここでもまた、どういう行動が適切か、あるいは不快であるかを判断するのは、人間自身であるということを認識しておくことが重要だ。ともすれば、どのようなちがいも、こうした「正当性」をふりかざすような反応を引き起こし、派閥を強化させる過程を始動させるきっかけとなりうるのだ。

分裂そのものは、蓄積された多数の独自性か、とりわけやっかいなひとつのちがいによって、唐突に引き起こされるのだろうと思われている。子ども向けの物語『スニーチズ（*The Sneetches*）』で著者のドクター・スースは、お腹に星のついている者たちが、星のついていない者たちとかかわることを拒むような世界を描いた。ささいだが、お腹の星と同じくらい重要なものになりうるような変化のなかでも、最も優位に立つのが言語だろう。これが真実であることは、バベルの塔の物語から明白だ。[26]狩猟採集民の社会が大きくなるにつれ、いくつかの地域的な方言ができたことがあっただろう。[27]オーストラリアのジャーバルナンのなかでも縄張りの北部に住む人々は、独自の方言をもっているばかりか、自分たちを別の名前でよびもすることから、分裂がそう遠くはないことがうかがわれる。[28]

おそらく、黒い羊効果がひとつの要因となるのだろう。そういう場面では、自分たちの社会はこういうものであるという概念への侮辱であると思われるような突飛な表示をまとっているメンバーにたいする敵意が募っていく。心理学者は、黒い羊はひとりか数名の人間であると考えている。反抗的なティーンエイジャーが罪を犯すように。しかし、アメリカ人社会学者のチャールズ・クーリーが言うように、「行進から足並みが外れているように見える人が、本当は別の音楽に調子を合わせている」としたら、どうなのか？[29]そのような外れ者は、付き合いのある人たちのなかでは黒い羊として扱われないかもしれない。人は、社会の変種を除去し、許容できる多様性の範囲内で他者を受け入れる。しかし、人々が受け入れてもよいとする対象は、社会全体でまったく同じであるとはかぎらない。同じ意見をもつ人たちが集まっていても、他の人たちから常軌を逸しているとみなされるかもしれない人が成功することがあり、その成功者の選択は、一風変わった人に耳を傾ける人々からまねされる。イペティ・アチェが死者を食べる行為には霊的な意味がこめられているが、アチェの他の集団からは誤解され恐れられた。この行為が原因となって、アチェの集団が昔に分裂したのかもしれない。[30]

地理的な障壁があれば、逸脱した行動への反応が徐々に高まるという過程を経ずに、社会が分裂するほどの大きな逸脱が生じることがあるだろう。オーストラリアに最初にやってきたアボリジニのように、完全に隔絶された人々は、その場所に応じたどのような方向へも自由に変化していくことができた。[31] そうでない場所でも、地形的な特徴によって、人々は以前の社会のメンバーたちと多少は接触をもちながらも分裂へと導かれていった。一九三〇年代に、アチェの縄張りの中心を横切る幹線道路が建設されたとき、ひとつの集団が分離した。彼らは、その道路を通るよそ者たちを恐れて、道路に近寄らなかった。イビティルス・アチェが北部のアチェから離れていき、社会的なつながりがほとんどゼロになり、ついには両方の集団が、自身を独立した民族とみなすようになった。[32]

分裂

一九世紀のアメリカ合衆国上院議員エドワード・エヴァレットは、ローマ帝国の崩壊について、社会がばらばらになって「敵対する原子となり、その動きは、互いを嫌悪することだけだった」と書いた。[33] 狩猟採集民についても、それぞれの派閥が他の派閥を敵対する原子とみなし、そのアイデンティティに我慢ができず、その行動が社会の境界線を越えるようになったときに、分裂がとつぜん引き起こされるのだろうと推測できる。たとえ境界線の位置についての意見が一致しないという理由だけでも。もしも社会が、人生とはどういうものかについての物語を伝えることで世の中に意味を与えるものならば、かつてはひとつであった物語も社会の分裂とともに二つに分かれていくのだろう。

社会がどのように分裂するかという具体的なモデルが構築されたことはないが、社会心理学者のファビオ・サーニが大半は同僚のスティーヴ・ライシャーと共同で行なった、さまざまな種類の集団の内部に生じた分離についての研究から、社会全体の分裂へと発展するかもしれない要因がいくつか提示されている。[34] 英国国教会は一九九四年に、女性を聖職者に任命することは国教会の真の性質に反するとみなすメンバーたちが、別の宗派を設立することで独自路線に踏み出した後に分裂した。同じ時期の別の例として、イタリアの共産党が主流派に参加し、党名を変更したことから、少数派の派閥が党から分離して新たな党を結成した。それでも共産党の原理を保持し、もとのシンボルを使い続けている。どちらの状況においても、改良によって自分たちのアイデンティティが強化されたと感じているメンバーたちは、変化は必須だったととらえていた。彼らにとって変化は、集団を強化し統合するために必要だったのだ。しかし、他のメンバーたちは、そうした改良は、自分たちを定義している無形の本質からの有害な逸脱であり、団結を脅かすものと解釈した。自分たちのアイデンティティが転覆させられるという思い込みから、変化を支持する者たちとのあいだの亀裂が大きくなった。

たいていの分裂は、現在と過去のいずれにおいても、両者におけるアイデンティティの変化によって引き起こされてきたと思われるかもしれない。しかし、サーニの研究からは、不均衡も要因のひとつらしいとわかる。保守色の強い派閥――変容を最も受け入れない派閥で、狩猟採集民の時代ならおそらく縄張りの中心部にいて、外部の影響から守られており、社会の古くからある特性やもとの名前を保持している人々――は、今日では国家主義者とよばれるような変化を嫌う人たちが集う場所だったのかもしれない。そのような人々のあいだに、たった一頭の黒い羊から始まったかもしれない危険なふるまいが広まったのだろう。懲罰もしくはもっと厳重な対処を施すべきひとりの外れ者が、集団として不適切なだけでなく悪意のあるふるまいをするような派閥へと移行していく。こうした団結の概念には、偏り《バイアス》が入り込む可能性がある。派閥は、メンバーたちの考えかたが似ていることから、メンバーの深い関与を促すことができる。派閥の行動の幅は、社会全体において実際に見られる行動よりも狭いので、容易に団結が達成できる。もっと急進的な派閥――縄張りの周辺部にいる人々――でも、物事を同じようにとらえていたのだろう。彼らが促す変化は、まさにこの社会を強化するために必要なものであり、彼らにとっては、改革を拒む保守派こそが反体制派だったと思われる。

他者から見れば不快に感じられるようなちがいを中心として派閥が生まれるのなら、相手側の視点に立って物事を見ようとする努力はどちらの側にもほとんど期待できない。こうして相手側への注意が低下する現象は、まだ出現したばかりで、わずかなちがいしかないような派閥においてもはっきりと見られることが心理学の研究からわかっている。[35] その結果、コミュニケーションが不調に陥る。派閥が力を増すにつれ、他の者たちを個体化することが難しくなるだけでなく、危険になるのだ。もしも他者を個体化すれば、自分たちの動機が純粋で彼らの動機はまちがっている、それどころか邪悪であると確信しているのに、そうした自分たちの信念に疑いをはさむことになりかねない。両者の視点から見れば、社会を引き裂こうとする脅威は、食料や住む土地の不足ではなかった。そのような不運からもたらされた困窮が、社会の崩壊の陰に潜んでいたかもしれないような場合でも。むしろ、脅威となるのは、かつては人々を結びつけていたアイデンティティを織り上げる布地にある疵《きず》だったのだ。[36]

社会が分裂して変容していくことは「擬似種形成」とよばれているが、それももっともだ。[37] 実際、種形成理論によって種の起源の年代を特定する生物学者にとってもそうであるように、いたるところに変化が生じているために、先史時代に誰が誰から分離したかを知ることが困難になっている。社会間での交易や貸し借り、盗みが容易であったことから、困難の度合いはいっそう増している。[38] ダーウィンが『種の起源』を締めくくった言葉は、種にも社会にも等しく当てはまる。「きわめて美しくきわめて素晴らしい数限りない形態がこれまでに発展し、なおも発展しつつある」[39]。人間の社会が分離する背後にある心理をもっと詳しく考察すれば、この美しさは簡単に生まれたものではないことがはっきりとするだろう。

第21章　よそ者の考案と社会の死

社会が解散するときは、再発明のときである。歴史をひもとくと、社会の崩壊は結婚の崩壊を映し出したものであるとわかる。決裂が回避できなくなると長年抑えてきた気持ちが口をついてあふれ出すが、その中身は、一日とは言わずとも一カ月前に言っていたことと正反対だったりする。社会の規範に従うべきだという圧力に変化が生じ、弱まるか完全に消え去るかすると、どちらの側も、かつては認められていなかったか異端であるとみなされていたやりとりのしかたを探る自由を手に入れる。以前は容認されていなかった行為が最前線に躍り出る。そうした行為を利用して各々の集団が、今や部外者として心のなかに描き直された他者である人たちから距離を置き、そのために彼らがさらによそ者らしく見えてくるようになる。

分裂してできた娘社会に加わる修正——またもや生物学の用語を借りれば形質置換——の多くは、進路が分かれてから最初の数年のあいだに起こることが証拠からわかっている。新たに表現の自由を手に入れたことで、そうなるのかもしれない。その期間に、言語や、それほどは研究されていないがアイデンティティの他の多くの側面が、後に比較的静止した状態に落ち着くまで、非常に速く変化する[1]。実際、社会間のはっきりとした区別は、地理的に離れているせいで互いを知らないからではなく、互いを意識し、交流していることから生まれている場合が多い。社会が分裂した後に、とりわけそう言えるだろう。新たに社会が創設されると、独自の思想と発明が発達する機会が与えられる。そして、メンバーたちが自分たちのものであると誇りをもてるような題材に注意が集まり、形成途上の年月が社会の黄金期となる。アイデンティティの修正についてわかっていることから、現在もそうであるように、私たちの進化の歴史においても上記のような事実があったのだろうと私は考えている。たとえば、アメリカ合衆国の独立宣言や憲法は、国家の統治についての問題が持ち上がるたびに、アメリカ人が指針として頼りにする基準点であり続けている。

しかし、分裂直後にアイデンティティの変容を急激に促進させるような、もっと深い心理学的な刺激があったのかもしれない。自分が漂流しているような感覚をもち、もっと大きな社会からかつて与えられていた意義や目的から運命が切り離されたと感じることから、強いアイデンティティと際立った本質を探したいという切迫感が募るのだろう。[2] そのうえ、互いの一体感が意義のあるものでなくてはならない。ホームレスや肥満体の人などといった特定の集団は、主流から追いやられるかもしれないが、彼ら自身のアイデンティティからなる社会を作ることはしない。病気や体に障害のあるチンパンジーやゾウがそうすることもない。たとえ他の者たちから見捨てられても。こうした外れ者たちが結束しないのは、互いの状態を良いものとみなしていないからだ。彼らには、心理学者が肯定的な弁別性とよぶものがないのだ。[3]

しがたって心理学者たちは、新興社会は自身を好ましいものに見せるために努力すると考える。そのために、大切にされるような属性を作り出したり、昔からある属性を特別なやりかたで表現したりする。その過程は、種の分岐を研究する生物学者たちが隔離機構と称するものに似ている。まだ残っているもう一方の社会との類似点はすべて、否定されるか無視される。離婚して互いに話す機会をもたなくなった元夫婦のように、分離したばかりの社会は接触をしなくなり、したがって共通の歴史がどれも敬遠されたり忘れ去られたりしていく。[4] 外部の目からすれば、新しく誕生した社会がどれほど元の社会と似ているように見えても、ふたたび統合される可能性はすぐになくなってしまうだろう。

分裂と、私たちと彼らという認知のしかた

社会の分裂にあるひとつの特筆すべき点は、以前の仲間との関係を個人レベルで作り直さなくてはならないということだ——しかも一人ひとりについて。

分裂後は、誰がどこに属するのかを明確に把握できる状態にならなくてはならない。それぞれの支流が最初から秩序と独立を保てるように。チンパンジーの場合、こうしてアイデンティティを作り直すことに伴う精神的な打撃《トラウマ》があるために、カサケラの群れがカハマの群れをいっそうむごたらしく襲うことになった。襲った側が虐殺されたチンパンジーたちを知っていただけでなく、その多くは友だちだった。親友のヒューゴーとゴリアテはたまたま別の派閥に属していたが、派閥間の距離が開いていっても毛づくろいを続けていた（ゴリアテの派閥が敗北した）。ヒューゴーはゴリアテの殺害に加わらなかったが、もう一頭の雄、フィガンはそうした。フィガンにとってゴリアテは「子どものころからの憧れ」だったのだが、とジェーン・グドールは語っている。[5]

ゴリアテを破滅に導いたのは、チンパンジーが以前の仲間を認識するやりかたに変化が生じたためだった。すなわち、互いを分類する方法が変わったのだ。チンパンジーが上手に分類できると聞かされると、ある霊長類学者の述べた「チンパンジーは人間と同じく世界を『私たち』対『彼ら』に分ける」ということが思い出される。[6] この点についてのグドールの詳しい記録を引用しよう。

「チンパンジーの」集団のアイデンティティについての感覚は強く、誰が「所属」していて誰がしていないかをはっきりと知っている……。しかもこれは単なる「見知らぬ者への恐怖」ではない――カハマの群れのメンバーたちはカサケラの群れの侵略者たちをよく知っていたが、無残に攻撃された。あたかも、分離したせいで集団のメンバーとして扱われる「権利」を失ったかのようだった。さらに、集団に属さない者たちに向けられた攻撃パターンのいくつかは、同じひとつの群れのメンバー間での争いにおいては決して見られることのないものだった。たとえば、足をねじったり、皮膚を裂いたり、血を飲んだりというような。したがって犠牲者たちはどう見ても「非チンパンジー化」されていた。これらのパターンはふつう、チンパンジーが獲物にするおとなの個体――別の種の動物――を殺そうとするときに見られるものだからだ。[7]

人間に見られる非人間化と同様に、「私たちと同じ種類」に属しているという認識を消してしまえる能力は、新しい社会が以前の社会の仲間たちから取り返しがつかないほど分離していくことを確実にするために作用するようになる。[8] こうした認知の変化は、分裂そのものに先だって徐々に進んでいく。たとえばマカクザルの群れが分裂するとき、初期には異なる派閥に属する個体間での争いが見られたが、分裂が近づくにつれ、派閥間における集団的な対立へと変化していった。それはまるで、サルたちがもはや相手側を個別の存在として扱わず、ひとつの集合体として見ていたかのようだった。[9]

何がゴンベで起こり、一方の派閥がもうひとつの派閥から最終的に分離したのか？　チンパンジーたちがついに、残っていたつながりをすべて断ち切るようになった転機は何だったのか？　どういうわけか彼らは全員、以前の仲間たちを非チンパンジー化された他者として作り替えた。研究者たちは、チンパンジーたち全員がもう一方の派閥のメンバーたちの見かたを変えるきっかけとなった騒動を見逃したのか？

分裂にあたってある種の決定的な出来事がかかわっていたのだろうと考えることは、群れのなかの全員とつねに接していて、そのために重大な出来事をめったに見逃さないような種類の動物についてなら理にかなっているだろう。これほど徹底してメンバーを知ることは、分散して生活しているチンパンジーには不可能だ。全員がもれなく重要な出来事を目撃したわけではないだろうし、何が起こったかについて、他の者たちを見て察することもほとんどできない。ここから、チンパンジーやボノボの分裂と、人間の分裂とのあいだの重要なちがいに気づかされる。「誰と付き合おう？」や「あちら側の者たちはもうよそ者なのか？」などといったことを判断するとき、チンパンジーやボノボはせいぜい、群れのなかでたまたま近くにいるメンバーたちから収集できるわずかな情報に頼って行動するしかない。分裂が進行するパターンは言葉が生まれる以前に発達したのかもしれないが、人間は、別の場所で何が起こったのかを確かめたり、誰が社会から追放されるべきで誰が社会に属しているかについての意見を述べたり支持したりすることができる。

ゴンベで最終的に社会が分裂した原因が何であれ、ひとつのことは確かだと思われる。各自がすべての相手との関係を変更する交渉を個別に行なって、その結果、非チンパンジー化がもたらされたわけではなさそうだ。たぶん分裂の時点までに、もう一方の派閥にいる者たちの扱いを一斉に変更する準備が整っていたのだろう。さあ、これでよし！　過去の仲間たちは、アイデンティティをひとたび転移しただけでよそ者になり、そうして社会が誕生した。チンパンジーやハイイロオオカミのような攻撃的な動物にとっては、誰が仲間で誰がそうでないかを区別するための境界線をこうして移動すれば、メンバーとの過去の関係がほとんど取るに足らないものになるのだろう。こうしてとつぜん、かつては慕っていたゴリアテが、異質の——さらには危険な——何かになったのだ。

もちろん、チンパンジーやオオカミ、他のほとんどの哺乳類も、自身のアイデンティティを提示できるようなしるしをもっていない。私たち人類は（この不完全な仮説をいくらかでも信じるなら）、こうした大量のアイデンティティの転移を、メンバーが自身の派閥と関連づけてとらえるようになった独自の属性と結びつけるように進化していった。このように認知を転換すると、まだ同じ社会の一員である人々が相対して衝突するようなストレスラインが生じてくる。仲間の集団がまとまって許せない行動をするところをいったん見ると、彼らがまさしく取り返しのつかないほどに他者となる。ここで偏見が作動し、彼らのしるしが好ましくないものとして認識され、そのしるしが、彼らについて頭のなかに主に登録される。

匿名社会を営む他の種もかなり同様にふるまう。ただしその一部は、人間よりもはるかに秩序があり痛みの伴わない戦略を用いる。ミツバチの集落《コロニー》が分裂するとき、分かれてできた二つの巣は当初、識別のための同じにおいを共有する。わかっているかぎりでは、分かれた巣がふたたび統合されない理由はひとつだけ、どちらか一方がもとの巣から遠く離れたところまで飛んで行くというものだ。この点についてはまだ研究されていないが、もっともらしい推測がひとつある。二つのコロニーがいったんそれぞれの場所に落ち着くと、食事や、さらにはそれぞれの女王が産む子どもたちの遺伝子的な特徴が異なるために、「国家の」においの隔たりが大きくなっていく。その結果、それぞれのコロニーが、遅ればせながら独自のアイデンティティを確立する。

内戦を考察してみると、人間の社会における互いにたいする反応が、不安になるほどあっという間に、徹底した非人間化と徹底した残忍さに到達しうるということがわかる。最も記録に残っている事例は、派閥の出現ではなく現代での民族問題にかかわるものであり、そこでは問題が極度なまでにこじれている。ポーランド系アメリカ人の歴史学者ヤン・グロスが行なった調査から、ふつうの市民が、チンパンジーと同じくらい完全に、そしてむごたらしいやりかたで関係を断ちうることが実証されている。グロスは、ポーランドの町、イェドバブネで、一九四一年のある一日のあいだに一五〇〇人以上のユダヤ人住民が虐殺されたという事件を資料を用いて再現した。[10] これほどの規模の暴力が狩猟採集民の社会においてよくあることだったとは私には思えないが、分離していく派閥はおそらく劣った者としてみなされたのではないだろうか。派閥のメンバーが新たに取り入れたやりかたにたいして人々がどう反応するかにもよるが、最初から嫌悪感があらわにされる場合もあるだろう。社会の分裂という剣によってさらに鍛えられた嫌悪の気持ちを改めることは難しいと思われる。分裂した集団のあいだの隔たりは急速に、とても大きくなっていくだろう。

拒絶されたという感覚そのものが、心理的な打撃になりうる。そのうえ、こちら側が拒絶した相手から拒絶されて痛みを感じ、気分が落ち込むこともある。嫌っている集団から排除されることは辛いものだ。これを証明する研究のひとつに、「ＫＫＫが遊ばせてくれない（*The KKK won't let me Play*）」という題名のものがある。[11] 派閥との一体感が強い人は、ひどい扱いを受けるほどより強く派閥にしがみつくだろうと予測される。[12] ケベックやウェールズ、スコットランド、カタロニアでの分離主義運動に参加する人たちは、スペインがカタロニア人に課す重税や公民権の制限など、不公平と感じるさまざまなものについての強い憤りを共有して団結する。それによって、社会が裂けていく開始点となる断層線がどんどん深くなる。[13]

たいていの場合、密接な関係があれば社会の分裂を切り抜ける助けになる。一緒に育ってきた家族のメンバーは、しばしば考えかたが似ていて、同じ派閥を選ぶ可能性が高い。このために、狩猟採集民の社会が分裂した後に、社会内での平均的な結びつきの程度がわずかに強くなるのかもしれない。

人間以外の霊長類のあいだにも、分裂以降にこうした傾向が見られる。[14] 定住した部族においてはさらに顕著だ。定住社会の住民たちは拡大家族に頼り、物を共有したり財産を遺言で譲ったりするため、社会が分裂するとたいていは家系全体が影響を被ることになる。[15] もちろん、対立し合う派閥に属してしまった血縁者や味方どうしのあいだでは、人間関係が容赦なく試される。別の派閥に乗り換える者は誰でも、縁を切られ、忠誠心がぶれない友人たちに取って代わられる恐れがある。[16] 歴史には、兄弟が殺し合う話がいくらでもある。こうした痛ましい例が最も多く記録されたのはアメリカの南北戦争をおいて他にない。南北戦争は、兄弟が敵味方に分かれて戦い、家族や町への忠誠が分断され、その後の何世代にもわたって人間関係が損なわれた戦争として知られている。[17]

初期の狩猟採集民のあいだで分裂が決定的になるきっかけとなったかもしれない転換点が何であったのか私にはわからないが、人類の歴史の記録や他の霊長類の証拠を見ると、敵意がまったく存在しない状態はめったになかったようだ。言語が出現した後でさえもそれは同じだったと思われる。その頃には祖先たちは理論上、人間関係にまつわる問題を冷静な交渉を通じて解決できただろうに。ゴンベの群れが分裂に向かう過程では戦いが勃発した。しかし、この程度の戦いはチンパンジーの場合はごくふつうのものだった。あまりなぐさめにはならないが。とにかく、群れがばらばらになるとすぐに殺戮が始まった。

しかし人間の場合、和解不能という共通点があるとして離婚を比較の対象にもってきがちだが、これは、分裂後の余波について考察するにあたっては的確な類推ではないだろう。一部の哺乳類と同様に、分裂するときにあからさまな暴力がふるわれるとはかぎらず、分裂後の社会間の関係が暴力によって損なわれるともかぎらない。サバンナゾウ（ボノボも同様と思われる）は、分裂が進展する過程で混乱や不確定な状況に直面することがあり、同じようにメンバー構成を包括的に作り直さなくてはならない。しかし、彼らはしばしば（つねにとはかぎらないが）後に絆を再構築する。これらの種の分裂を、人間の場合も同様に、ティーンエイジャーと親との対立となぞらえるともっと有益かもしれない。対立とはすなわち、両者が自立に到達するために通過しなければならない、多くの問題を抱えた成長期なのだ。最も過激な状況を除いてほとんどの場合は、後から修正を施せる見込みがかなりあるかもしれない。たとえ現時点では両者が断絶していても。

魔法の数

人間のアイデンティティが移ろいやすいものであるために、数十万年のあいだ小さな社会の崩壊が避けられなかった。実際、崩壊を迎える社会の大きさは予測可能であり、人類学者が五〇〇を「魔法の数」だと宣言している。全世界のあらゆる地域においてざっと平均すると、この数はバンド社会に暮らす人々の人数だった[18]。一二〇頭を超えるとチンパンジーの群れが不安定になる可能性が高いことから、ホモ・サピエンスの先史時代の大半においては、安定した社会における人口の上限がおよそ五〇〇人だったと考えるのは理にかなっている[19]。

社会には少なくとも五〇〇人は必要だとする実際的な理由は推測できる。いくつかの計算によれば、これくらいの人口がいれば、近親者ではない者を配偶者に選べる機会が与えられるとわかるからだ[20]。こういう理由で、二、三〇頭しかいない社会に暮らす多くの哺乳類とはちがって、人間は、外に出て別の社会に加わりたいとそわそわして、危険な試みをすることがめったにないのかもしれない。配偶者の候補が豊富にいるおかげで、歴史上のどういう時代においても、生まれた社会に一生涯留まるという選択肢を大半の人がもてている。しかし、もっと大きな規模ではなく、この規模において分裂が進んでいった要因は何なのか？　もっと社会が大きければ、先祖にとって配偶者の選択肢が広がっただけでなく、さらに大規模な集団として自衛上の利点があっただろうに。この特定の数は、自然のなかで生活する社会の抑制と均衡を表しているのではなさそうだ。なぜなら、捕食者や食料の調達といった生態学的な要因は、狩猟採集民が暮らしていたジャングルやツンドラではそれぞれに大きくちがってくるからだ。狩猟採集民が占有していた縄張りの総面積は、さまざまな種類の生態系によってちがいがあった。たとえば北極地方の人々のほうがいっそう広い面積を占めていた。しかし社会の人口は、どの地域でもほとんど同じだった。

　バンド社会で人口の上限値が低かったのは、人間の個性を表現することを抑制するような心理が働いていたからかもしれない。バランスを維持することが必須だったのだ。メンバーたちは、共同体意識を共有するくらいには互いに似ていて、それでいながら自分自身が独特であると思えるくらいにちがっていると感じる必要があった。第10章で、社会のなかのすべての人が数個のバンドのなかで暮らしているときには、自分を他者から区別したいという動機がほとんどなかったと説明した。だから、狩猟採集民のあいだで派閥が作られることがとても少なかったのだ。しかし、いったん人口が膨れ上がると、狩猟採集民も、もっと小さな集団として結びつくことで与えられるようなちがいをもちたいと望んだ。多様なアイデンティティを欲する心理が増大すると、派閥の出現が促進され、その結果、バンド間の対立が生じ、関係が断たれることになった。定住社会では状況が異なり、最終的には人口が天文学的な値に達した。バンドに暮らす人々とはちがい、定住生活をする人々の大半は、社会的に容認され、ときには定住社会が機能するために必要とされるようなやりかたで、集団として結びつく機会を見つけた――仕事や職業別の団体、社交クラブ、社会的な階級や拡大された親戚関係のなかでのニッチにおいて。

これでもまだ、人類学者の言う五〇〇という魔法の数のどこが特別なのかという疑問は解き明かされない。私としては、次のように推測している。だいたいこれくらいの人口において、社会にいる全員についてごくおおざっぱな知識をもつだけでも大変になってくるので、各自が人とのやりとりをするときに、しるしに過度に頼るようになるのではないだろうか。五〇〇人より人数の多い集団では、人々が本当に匿名であるように感じ始めるだろう。アリならそれを気にしないが、人間の場合には自分が個人として重要であるという感覚がゆらいでしまう。このように自尊心が失われると、手に入る目新しい物を何でも受け入れて、自分の個別性を熱心に強化するようになるだろう。結束力の強い組織がなく、主要な定住地が監視されることもない状況では、そのような目新しいものによって分裂に拍車がかかるだろう。わからないのは、社会のアイデンティティにかかわるこの属性が旧石器時代に発達し、バンド社会の大きさを当時の生活に理想的なもの（理由についてはまだ十分に理解されていないが）に保っていたのかどうかということだ。あるいは、社会内での個別のやりとりを増進するために、そのように順応していったのかもしれない。もしそうであれば、五〇〇という数は、このような心理的作用の結果、偶然に到達したものになる。むしろ、どちらの要素も重要だった可能性が高い。

社会はどのように死ぬのか

社会は出現しては消滅する。アリやシロアリのコロニーはふつう、女王とともに死ぬ。コロニーのどの世代も、新たな雌の創設者とともに再出発する。一部の哺乳類の社会は運命が揺るがされるほどの結末を迎える。ハイイロオオカミやリカオンやミーアキャットの群れで、繁殖を行なう雄と雌が成功する見込みのある後継者を残さずに死ねば、その社会の未来は絶望的になる。しかし昆虫とはちがい、残りのメンバーたちは生き延びて、運が良ければ別の群れに加わる。

大半の脊椎動物の社会は分裂をするために、そのような完全な行き詰まりには到達しない。理想的な条件があれば、社会は、メンバー全体が分裂し続けるアメーバであるかのように増殖することができる。生物学者のクレイグ・パッカーは、ライオンの数個の群れが十数世代にもわたり分裂を繰り返したようすを観察している。

不滅の社会に最も近いのが、アルゼンチンアリやその他数種のアリが作るスーパーコロニーだ。そのメンバーたちは、大陸を横断して拡大しながらもコロニーの同一性を保持している。しかし、これらの種においてさえ、ある時点で新たなスーパーコロニーがおそらく誕生するだろう。そうなるには、同一のスーパーコロニー出身のアリたちのアイデンティティが相容れないものへと変化しなければならない。人間の場合には進路が分かれるきっかけになるような行動を、アリが試しに選択してやってみるようなことは決してない。だから、アリのアイデンティティの分岐は、遺伝によって引き起こされる必要があるだろう。突然変異でにおいが変化した女王は、運良く誰もいない場所に行き着けば、自分の生まれたコロニーのメンバーから殺されずにすむかもしれない。その場所で女王は、他とはちがうアイデンティティのしるしとなるにおいを用いて巣を創設する。そしてその巣が――いかに信じがたいと思われようとも――スーパーコロニーへと成長していく。

脊椎動物では、フロリダ沿岸部に生息するバンドウイルカの群れが、（個々を認識する社会であるから）規模ではなく永続性という点でスーパーコロニーに匹敵するかもしれない。サラソタ湾の一定の区域を占有しているひとつの群れは、調査対象となっている四〇年間以上にわたり約一二〇頭で安定している。この群れの縄張りは、世代から世代へと継承されてきた。土地の相続は、多くの種において、社会のメンバーに与えられる主要な利点となっている。遺伝子学的な証拠から、この群れは何世紀にもわたりこの場所に存在していることがわかっている。[21]

だが、分裂が際限なく繰り返される可能性はあるものの、どこかの時点での社会の消滅は避けられないにちがいない。バンドウイルカだけでなく、他のどんな動物にとっても。果てしなく分裂を続けるアメーバでさえ、食べる物がなくなって飢える直前になると、苦しい戦いを強いられる。そのような状況では、分裂後に二つのうちのひとつが死に、残ったほうがふたたび分裂する。こうした予測のつくパターンを取ることから、アメーバの総数は環境容量――環境によって維持できる最大数――近くに保たれている。[22]

これほど高い確率でアメーバが死ぬとわかると、当然ながら、ゴンベでチンパンジーのひとつの群れがもう一方の群れを全滅させた悲劇が思い出される。どちらの例にも次のように、マルサス主義的な現実が当てはまる。成長が最も遅い種の個体数も、数世代のうちに環境容量に到達する。したがって環境の変化がなければ、何千年にもわたり生息に適したどのような土地にも、同じ数だけのチンパンジーの群れが存在することになるだろう。チンパンジー（あるいはライオンや人類）がこの個体数のピークに到達する前なら、分裂のたびにできる群れは、あまり争うことなく定住する空間を見つけることができる。しかし、いったん社会が混雑してくると、隣り合う社会のあいだだけでなく、社会の内部においても、対立が出現するようになってくる。メンバーたちが資源を求めて争い、互いの関係が緊迫して壊れそうになるからだ。このような過密な状態において大きな社会が分裂しても、メンバーたちの生活は決して向上しないだろう。メンバーたちは、ひとつの社会の一部であったときに全員が利用できた資源をめぐって争い続けるだろう。分裂によって個体数からくるストレスが軽減されることはない。

それでも、社会を分割して、野蛮なくらいに実際的な方法で行き詰まりを打破することもある。メンバーどうしが張り合っているチンパンジーの群れが半分に分割されると、もう一方をノックアウトした娘社会――カサケラがカハマをやっつけたように――のほうがすべてを手に入れるとともに、そのメンバー内での対立の度合いが低下する。これは、飢えたアメーバが力づくで実行する淘汰の戦略だ。社会全般がいずれそうなるものだが、社会が環境容量に達するかそれに近づいたとき、そこから前進するには確かに残酷さが伴うだろう。もとの社会のメンバーからやっつけられなくても、競合している他の社会にやっつけられるだろう。数学者でなくても、いずれはほとんどの社会が死に絶えるということがわかるはずだ。

生存のための無慈悲な計算を解いていくと、進化の動機という究極の意味では、社会が分裂する根底には競争があるとわかる。それでも、場所によってしるしが変化することから、人口的な圧力に関係なく、どこかの時点でバンド社会が分裂するのは避けられなかったにちがいない。そこで、たくさんの社会が容量の限界まで環境を満たし、分岐してできた社会が、近くにいて競い合う社会とぶつかりながら、向かうべき場所も成長する空間ももたないときに何が起こったのか、という疑問がわいてくる。よそ者との競争が最も大きな関心事であるとき、人は脅威に向かって団結する傾向がある。社会に共同戦線が張られ、対立する意見を抑えたり、おそらくは分裂の前提となる派閥が生じることを妨げたりする。たぶん、このような困難な事態にある社会なら、たとえ外部の影響に次々とさらされても、ゆっくりと変容はするにせよ単一の首尾一貫したアイデンティティを保持することができるだろう。[23] こうした状況にあれば社会の分裂が遅らされるだろうが、阻止されることはないと私は思う。そのうえ、娘社会が密集している状況で、もしも社会的な軋轢によって分裂が推し進められたら、弱いほうの社会が消滅することはほぼ確実だ。おそらく、こうしたことが、カハマのチンパンジーたちにとって退却する余地がほとんどなかったゴンベの森で起こったのだろう。または、ティエラ・デル

・フエゴにいた狩猟採集民のオナが、財産という概念をほとんどもたないために羊を盗み、銃で撃たれ、根絶させられたときに起こったことなのかもしれない――オナの最後のひとりは一九七四年に亡くなった。先史時代にあった多くの社会がこのような結末を迎えたにちがいない。しばしば、外部から襲撃されて人数が減り、わずかに生き残った女性たちはたぶん近くの集団に加わったのだろう。

「過去は外国だ」のように作家のL・P・ハートリーは述べた[24]。繁栄している社会でさえ時とともに変質し、創設者からすれば外国のように感じられるものになっていく。原初的なルールに従って人間が自身のアイデンティティを修正していくために、社会がこのように衰退していくことはもともと定められている。社会はやがて、現存している世代が祖先に出会ったとしても自身と同じ種として認識しないほどまでに、そして古生物学者が新しい名前をつけるに値するとみなした生物学的な種と同じくらい、避けがたく変わってしまう。

したがって、有史以前から数え切れないほどに社会は分裂を繰り返し、いくつかの社会は壊滅し、勝利を収めた社会でさえもそのうちに見てそれとわからないほど全面的に改造され、ふたたび分裂していった。どの分離からも悲嘆や苦悶が生まれただろう。その当時には重大な理由があって分裂したのであっても、その理由は結局、忘れられてしまった。こうした分裂は、愛や人の死と同じくらい根本的な生命のリズムの一部なのだが、把握できないくらい何世代もの長きにわたって展開する。勝った社会も負けた社会も、そのなかにいる個々のメンバーと同じように、はかないものなのだ。

このサイクルからこれまでに何個の社会が誕生したのか？　これまでに存在した言語の合計数をおよその指標として推定できるなら、人間の社会はのべ数十万個あったことになる[25]。すべての社会に独自の言語があるとはかぎらないので、一〇〇万個以上の社会が誕生しては消滅したと推定するのが無難だ。それぞれの社会は、自分の社会が重要であり、末永く存続し、過去をしのぐ成功を収めると確信している男女で構成されている。あなたの社会もそのひとつだ。

　このように、社会の分裂と死は避けられないものである。もう一度確認するが、人間はしるしのおかげで集団のなかにいても快適でいられるが、大半の脊椎動物の種において分裂と死のプロセスはしるしとはまったく関係がない。チンパンジーには社会的に学習した慣習があるが、変わったやりかたで行動する者を差別はしない。さらに、チンパンジーが何らかの慣習を思いつき、それを一部のメンバーは採用するが他のメンバーが拒絶して、群れの分裂が引き起こされると思えるような理由もない。しかし人間の場合、社会の一部であることには、適切なふるまいをして社会のルールと期待に従うという義務が伴う。それでも、こうしたルールや期待はつねに変化する。人間が初めて社会を表すしるしを使ったときからこのかた、社会は割れて、自身のアイデンティティについて別々の見解をもつ人たちで構成された派閥へと分裂していった。人間の心理が、かつてはなじみのあったものを異質なものへと変えることで、変化を作り出しているのだ。

　私たちの先祖である狩猟採集民の社会がどう誕生したかを説明するなかで、国家の盛衰に特有なことがらにはほとんど触れてこなかった。それは、次の第8部で扱うテーマのひとつであるが、その問題に入る前に、これほどの巨大な社会が存在することを可能にした道筋を探索しなくてはならない。じつは、文明の成功を後押ししたものは、平和的なものとはほど遠かった。ここで、互いを征服する――その過程において民族や人種を内部に取り込む――ことに手を染めた社会が登場する。そうした社会の苦闘の余波は、はるか昔のものも、今も継続中のものも、今日のすべての社会に残っている。

第8部　部族から国家へ

第22章　村から征服社会へ

一万年前——人類の長い先史時代においてはわずか一回の拍動にすぎないが——最後の氷河期が終わりに近づき始めた。気候が温暖になるにつれ、一部の狩猟採集民が農業に転向した。考古学者たちはこれを新石器時代革命とよんでいる。この変化は、世界の六つの地域において別々に発生した。最初の、そして最も顕著な変化が、一万一〇〇〇年前に中東のメソポタミアで起こった。九〇〇〇年前には現在の中国で、遅くとも七〇〇〇年前にはニューギニアの高地で、五〇〇〇年前から四〇〇〇年前にかけてはメキシコ中部とおよそ同時期にアンデス山脈のペルーあたりで、四〇〇〇年前から三〇〇〇年前にかけてはアメリカ東部で、こうした変化が起こった。[1]

これらのささやかな出発地点のうちの四つから、巨大な王国が出現した。その四地域とは、中国、中東（中東からもたらされた作物で養われていたインドも含める）、メキシコ（マヤに始まりアステカまで）、アンデス（絶頂期はインカ）である。それぞれの地域には、行政を司る複雑な機構と記念碑的な建築物が築かれるようになり、考古学者はこれらを文明と命名している。

都市や精巧な文化をもつ文明を作り上げることほど、壮大で、なおかつ細やかな扱いが必要となるものはないだろう。しかし、バンドで生活する狩猟採集民たちが定住して部族となり、それまでの社会のサイズを超越すると、私たちの物語は加速していく。なぜなら、こうした部族社会が国家に遷移するための必要条件が思ったよりも簡単なものであるという単純な理由があるからだ。

人間以外の哺乳類において、規模や複雑さという点において国家に近いものは一切見られない。自然界では特定の社会性昆虫だけが、独自の文明と言えるものを発展させる。明らかに、文明が発生して拡大するには、匿名社会が発達することがきわめて重要だった。しかし、匿名性だけでは、なぜ私たち人間が大きな社会を作り上げることができるのか、あるいは、どのようにそれを維持することができるのかを説明し切れない。その他にも多くの要因が絡んでいるにちがいない。十分な食料の供給など、いくつかの要因はとても明白だ。社会的な問題を解決するための手段をもつことや、自身の特徴を示すための豊富な手法がメンバーに授けられることなど、それほどわかりやすくない要因もある。いわゆる文明に近いものを実現するには、それ以上のものも必要だった。それが暴力と権謀である。

歴史書には国家の壮麗な歴史がふんだんに記されている。国家間の衝突や提携、多彩な登場人物の奮闘、突き進んでは挫折して混乱に飲み込まれたりする政権などが。私たちはそうした詳細を個人的なこととして受け止める。しばしばそれらが自国の国民についての物語であり、自分たちにとって重要であるからだ。それにもかかわらず、国家間や、その前身であったほとんどの社会間のちがいは、種類が異なるというよりも程度の差でしかない。

国家の前身であったほとんどの社会と述べたのは、社会の大きさと複雑さが増す過程において、何よりも重要なひとつの変遷があったからだ。社会が互いを吸収し始めたのだ。その時点から、新石器時代革命を発端とした今日のような国家にいたる道程は、まったくもって短かった。これらの征服社会が定着するには、いくつかの要素が整っていなければならなかった。そのうち最も基本的なものが資源である。

食料と空間

より多くの人がいるとより多くの食料が必要となる。この自明な真実から、食料があれば社会の成長には十分であると思いがちだ。実際はそうではない。ニューデリーの市場で騒いでいるサルたちについて考えてみよう。都会に住むマカクザルは、栽培された果物（と肉と野菜）を路上の商売人からくすねて生きている。確かに比較的豊富な食料があることで都会に住むサルの総数は多くなっているが、それでも都会にいるサルの群れの大きさは、田舎に住むサルや、森の奥に暮らすサルたちの群れの大きさとほとんど変わらない。[2] 単に、群れの数が多いだけなのだ。ぎゅうぎゅうに密集していて、サルのいない空間が残っていない。ほとんど同じことが、今なおアルゼンチンに住んでいるアルゼンチンアリについても言える。集落《コロニー》が、隣り合う敵対する多数のコロニーに囲い込まれているので、どれほどたくさん餌を食べてもコロニーを大きくできない。もちろん、カリフォルニアにあるコロニーは、そうした制限を免れている。

率直に言えば、人類は都会のサルのようにはならなかった。ナイルの渓谷には、エジプトの縮小版が何千個も集まっていたのではなく、ラムセス二世を誕生させた壮大な国家があった。とはいえ地球上の広大な土地において、人間は、ひとつの大きな社会を作り出すのではなく、多数の小さな社会を増やしていくことで、農作物であれ自然に豊富に存在する資源であれ、頼りにできる食料を入手するための対応をしっかりと取っていた。たとえば一九三〇年代にニューギニアの高地を外部の人間が初めて訪れたとき、数十万人もの人々がすでにその地の隅々までを占めていた。わずか数キロメートル歩くだけで、別の定住部族の縄張りに到着した。それぞれの部族は、自身の縄張りのなかで得られる食料源に頼っていた。それらはおおむね、栽培した野菜や家畜化した動物だった。アマゾン川領域でも他のどのような土地でも、探検家たちは同様のパターンを目にした。こうした部族のほとんどの文化は、太平洋岸北西部の狩猟採集民ほど華麗なものではなかったが、同じように村を作って暮らすか、少なくとも避難所となる小屋が中心部にあった（ただし、特にアフリカやアジアの一部地域では、牧畜を営む遊動民の部族が少数あった）。これらの部族のうちごくわずかな数だけが、今日あるような壮大な社会へと移行する途中だったと後にわかった。部族がどのように組織されていたのかを知ることと、少数の部族だけがいっそう大きく複雑に発展していくことを可能にした特別な性質について理解することが、私たちの旅の次の行程となる。

村社会

部族社会での生活は、雄大なメロドラマだったかもしれない。定住した狩猟採集民のあいだでは、ちょっとした口論や暴力が頻繁にあったからだ。そのなかには、夕食のメニューについての争いなど、家族の集まりを台無しにするかもしれないような口論もあれば、妖術使いへの非難や、配偶者の取り合いや、責任の分担についての論争もあった。[3] こうした意見の食いちがいから村の崩壊が引き起こされることもあった。ときには機嫌を損ねて遠くに引っ越してしまい、交流がほとんどなくなることもあった。多くの村人が、そのような社会の変動を人生のうちで一度か二度は体験しただろう。たとえば、先史時代にアメリカ南西部にあった村の存続期間は、だいたい一五年から七〇年だった。[4] 村が分離した例のひとつに、フッター派（アメリカ北西部からカナダにかけて財産を共有して生活するキリスト教再洗礼派の一派）の信徒たちの事例がある。この現在も存続している共同生活体は、一般に部族とよばれる集団の基準からするとかなり最近の一六世紀に、現在のドイツで出現した。数世紀の間、転々とした後、一八七四年にロシアからアメリカ西部に移住し、今では一七五もの集落が作られ、それぞれの集落でひとつの農場を営んでいる。集落が大きくなるにつれ社会的なストレスが生じるが、最終的にはメンバーたちが集落を分割する取り決めをする。これが平均して一四年ごとに実施される。文字を使用する以前の村が分裂するときよりも秩序はあるが、その経緯はほとんど同じだ。[5]

そもそも部族が一緒にいるためには、対立の状況を改善させるか、少なくとも上手にやり過ごすための解決策が必要だった。この点では、植物の栽培を行う大半の部族は、定住した狩猟採集民の使った戦略とよく似たものを考案していた。繰り返し採用されたひとつの解決策が、社会のなかで容認されるちがいにいろいろな側面を加えることで、人々のあいだの競争を減らすことだった。[6]それらのひとつが、仕事や身分の差異である。したがって、バンドに暮らす狩猟採集民のような平等主義を原点とする部族がいたとしても、そのような思想はめったに長続きしなかった。さらに、メンバー間の差異を作るのに役立ったのが、社会的な集団に属する機会をもつことだった。世界各地の部族のなかで、そうした差異が最も大きかったのはおそらくニューギニアだろう。最も複雑な差異をもっていた（今なおもっている）のがエンガである。彼らは一地方に住む部族であり、外部の人間から見れば、まるでループ・ゴールドバーグ・マシン的な複雑きわまりない性質をもつ社会的な実体を操っている。エンガの各部族に属する一〇〇〇人余りの人々は、ひとつの民としての歴史を誇りに思っている。それでも、部族のメンバー一人ひとりは、それぞれ独自の畑をもつひとつの氏族《クラン》や下位クランの一員として生まれる。エンガの場合、クラン間での口論や、おおっぴらなけんかが起こることがあった。それでも、エンガは、長期間にわたり損なわれずに存続していた。[7]

社会の問題に対処するためにある種の集中管理を行なうこともまた、ほぼどこの定住地でも見られるものだ。たとえ、とても単純で初歩的なやりかたでも。先述のように、一カ所に留まっている定住型の狩猟採集民のほうが、バンドで暮らす狩猟採集民よりも、権威を誇示されても我慢強かった——しかし、我慢強いといっても多少の程度にすぎない。誰が権力をもつべきかについて意見が食いちがえば、論争に発展したからだ。それぞれの村にはたいてい頭《かしら》がいたが、頭の存在意義が顕著になるのは対立が生じたときだった。そういうときでも、頭は、人々を先導するよりも説得することにほとんどの時間を費やしていた。

それでも、人類学者のジェームズ・スコットが著書『ゾミア——脱国家の世界史』（佐藤仁監訳／みすず書房）で描写した、東南アジアの高地に暮らすような部族でさえ、統治がなかったわけではない。この本の原題、*The Art of Not Being Governed* は、低地からアメーバのように広がってくる強力な文明に飲み込まれまいとする部族の苦労を指している。山の住民たちの首長は、ときに暴君のようにふるまった。[8] 誰が権力をもつべきかという問題が、論争に発展することもあった。社会の問題を監督するために、つねに特定の人間が実権を握っていなければならないわけではなかった。スーダンとエチオピアの南部に住むニャンガトムは、多数の村で牧畜をして暮らしている。それぞれの村では一年に数回、ウシに適した場所を見つけるために移動する（彼らは、たまたま狩りを行なわない狩猟採集民と形容してもよいだろう。野生のウシではなく家畜化されたウシを追うからだ）。ニャンガトムには少数の専門家がいる。ウシを去勢したり、戦士の胸にシンボルとなる傷跡をつけたりする技をもった男たちだ。それでも、恒久的な支配者をもたずに平和を維持している。その代わりに、男は全員、同世代の男たちと一緒に部族を統率する。[9]

定住地で生活する部族——生計の手段が狩猟と採集でも、植物の栽培でも、ガソリンを燃料に用いた農業でも——の場合、社会的な軋轢によって、一カ所での人口がだいたい一〇〇人から数百人あたりに制限される。最大の例がニューギニア高地の数千人であり、彼らは、衝突を減らすためと思われるが、住居の間隔を空けていた。一方、南米の熱帯雨林にあるヤノマミの村では、卵形の小屋のなかにほとんど積み重なるようにつるされたハンモックに皆が寝ていた。こちらの村の人口はたいてい三〇〇人程度ともっと少ないが、最大では三〇〇〇人のところもあった。[10]

そのようなひとつの村が、そのままひとつの社会である場合もあった。しかし、村の上位に集団が存在することもしばしばあった。フッター派やヤノマミ、そしてツリーハウスで有名なニューギニアのコロワイはどれも、複数の村で部族が構成されている例である。遊動型の狩猟採集民の社会に構造と機能の面で相当するものが、このように一カ所に人々が集まった事例だった――これを部族社会またた村社会とよぼう。[11]

人類学者がバンドを研究するほうを好み、バンド社会には目を向けず、得てして過小評価をしていたように、人類学の研究事例のほとんどが、すべての村を包括的にとらえるのでなく、個々の村に着目したものだった。このように注目の偏りがあるのは、ひとつには村に自治性があるためだ。たとえ同じ部族の別の村から来た者でも、部外者が、村の住民に何をすべきかを指示することはなかった。これは、狩猟採集民のバンドが別のバンドに口を出さないのと同じである。しかし、学者たちが研究対象を村に限定したのには別の理由がある。村と村の関係がドラマティックだったからだ。村と村との対立には有名な事例があった。そのなかには、ヤノマミが復讐目的で殺人をするというものもあった。

とはいうものの、人々にとって部族は重要なものだった。ヤノマミの村には宿怨があった。複数の家族がかかわっていたが、ハットフィールド家とマッコイ家の抗争を彷彿させるものだった（アメリカ南部の近隣に住む両家間で一九世紀終盤に長年にわたる争いがあった）。しかし、村と村のあいだでは関係改善のための話し合いが重ねてもたれていた。戦いと、結婚や祝宴、交易などによる和解が繰り返された。誰もが自身の村とは別の村に友人をもち、狩猟採集民のバンドのメンバーと同様に、別の村へと移転することができた。ただし、畑の世話をしている（ニューギニアでは豚を飼っている）村人たちは、野生の食料を自由に探し回っている遊動民と比べて、移動をすることは少なかった。実際のところ、村人が別の村に移ることができたうえに、村と村が融合することもあった。狩猟採集民のバンドの場合と同じように村と村とのあいだにも力関係が働き、社会的な関係から離合集散が引き起こされた。[12] 村社会とバンド社会のあいだの最大のちがいは、村は拠点を変え（ふつうは新たに開墾した畑のある場所へ）、バンドほどには分裂や結合をしないということだけである。[13]

このように見ると、村とバンドはそれほど大きくちがわなかった。バンドに住む人々と同様に、村の住民たちは、自分がその一部に含まれるさらに大きな社会について考えなくてはならないことはめったになかった。しかし、たまにそうした社会が必要になったときには、社会はちゃんとそこにあった。社会的な規模での問題や機会が生じると、共通のアイデンティティが前面に押し出された。今日のエクアドルにあった、頭部を収縮させた干し首で有名なヒバロの村々は、協力して外部の部族を襲った。一五九九年にこの種の最大の襲撃が実行され、二万人のヒバロが力を合わせて三万人のスペイン人を虐殺し、外国人の支配から自分たちの領土を取り返した。[14] このような村社会にも、狩猟採集民たちと同様に、社会全体を包含するような言葉があった。たとえば、ヤノマミとは、人々が自身につけた名前だが、ヤノマミタパは、すべての村を指すときに使う言葉だ。多くのバンド社会の名前について見てきたように、ヤノマミやヒバロという通称は、彼らにとっては「人間」を意味している。

集団としてのアイデンティティのしるしは、このような複数の村からなる部族の集合をひとつの社会として定義した。世界中でしるしが社会を結合させる役割を果たしていたのと同じである。ヤノマミはその好例だ。服装や住居や儀式が同じであるなど、メンバーたちが共通した特徴をもつことで、村の離合集散が可能になった。ヤノマミの人々は、同じ部族でも少し遠方にある村とのあいだにわずかなちがいはあっても、こうした類似点を意識していた。ある村が行き詰まりを迎え、人々が独自の道を歩んでも、その別れは、狩猟採集民のバンドが別れるときと同じだった。人々が互いに恨みをおぼえていても、結局のところは同じ言語や生活様式を維持し、同じひとつの社会の一部であり続けた。[15] しかし、部族にあるさまざまな村と村のあいだでは、ちがいが蓄積していった。狩猟採集民のバンドと同様に定住している部族の場合も、それがきっかけとなり、物事がどこまでも悪化していった。今日のヤノマミは、アイデンティティが変化していった結果、数個の部族に分岐しつつあるようだ。それぞれの部族の人口は数千人となっている。実際にも、何人かの言語学者は、非常によく似てはいるがヤノマミの言語には五つあると識別している。ヤノマミ自身も分岐を認識しており、遠方の村から来た風変わりなヤノマミをまねしてからかったりする。[16]

遊動型のニャンガトムや定住型のエンガとヤノマミなどは、バンド社会の通常の人口よりもかなり多い人口を抱えていても——何千人にも及ぶこともよくあった——何とかそのままの状態を保つことができた。しかし、ヤノマミが同じ部族のなかでのちがいに不寛容であったという事実から、帝国を建設する道を歩んだ部族がほとんどいなかった理由がわかる。周囲を他の部族に取り囲まれていること以外にも障害があった。部族は狩猟採集民が直面した問題、人々のアイデンティティが相容れないものになるという問題にぶつかったのだ。

しかし、たとえ部族が不変のアイデンティティを保持できたとしても、人口の増加だけから、拡大していく文明が生み出されることは決してないだろう。最も理想的な条件のもとでも同じことが言えたと思われる。潤沢な食料や空間があって出生率が順調に伸び、有能なリーダーがいて、社会的な差異がたくさんある世の中でも。これらの属性だけでは不十分であることは、すべての大きな人間の社会が、子細に検討すれば、同一の家系の子孫だけでなく、多様な伝統やアイデンティティをもった人々からなっているという事実によって証明されている。狩猟採集民や部族社会がしるしの変化に順応できないことは、この点において国家が華々しい成功を収めていることとまったく対極的である。まさに文明の誕生を理解するためには、どのようにしてさまざまな市民が入り混じるようになり、ついには今日の民族や人種ができたのかを知る必要がある。

社会は自発的には合併しない

文明に異質なものが混ざり合っていることについて説明するとなると、社会が成長する際には複数の社会が自発的に合併することが必然的に起こるという説が候補にのぼる。しかし実際の例を見れば、これは正しくないとわかる。動物の世界では、社会の合併は非常にまれであり、ほぼ存在しないにも等しい。[17]ボノボとチンパンジーがその例だ。それらの群れで起こる唯一の合併は、本来の意味と少し異なっている。霊長類学者のフランス・ドゥ・ヴァールは、ボノボでは互いに知らない者どうしが、あまりもめごともなく、一から群れを作り上げると教えてくれた。ボノボには知らない者と親しくなる性質があるため、容易に互いに順応できるにちがいない。しかし、このような事例はお膳立てされた社会に見られるものであり、動物園という隔離された環境で人為的に作られたものだ。自然の環境では、ボノボの群れは、たとえ仲が良くても別の群れとは距離を置いている。捕獲したチンパンジーを群れに溶け込ませることはかなり大変な仕事であり、何カ月もかけて注意深く慣らさなければならないが、その途中に流血の小競り合いが何度も起こる。チンパンジーが互いに順応するとき、理由はひとつしかない。ボノボも同じであるが、もともとの群れが消滅したら難民となり、他に選択肢がなくなるからだ。同様に、野生のサルについて群れが恒久的に合併した例がわずかに記録されていても、それらは、彼らの命が危険にさらされ、群れのメンバーが大量に殺されてわずかな数だけが生き残り、彼らが動物園のチンパンジーのように一種の難民となった場合に限られていた。ここでもまた、サルたちの結びつきは、人間の集団が丸ごと結合する事例とはほど遠い[18]。通常の条件下では、社会性昆虫についても同じことが言える。成熟したコロニーを合併するという概念は、針の頭くらいの脳みそしかない彼らの頭のなかには存在しない[19]。

私の知っているかぎりでは、健全な社会が恒久的に合併する例はアフリカのサバンナゾウでまれにある。しかしそれは、過去に分裂したひとつの群れにかつて属していた二つの群れのあいだでしか起こらない。ときに分裂後何年もたってから以前の顔ぶれに戻ると、互いを決して忘れていないと伝え合うらしい[20]。それ以外の場合、社会が団結していて、メンバーが互いに一体感をもち、存続するのに十分な数を上回っていさえすれば、その社会は他のあらゆる社会とは別個のものでいられる。

同じことが人間にも当てはまる。社会のメンバーのアイデンティティがいったん確立すれば、他の社会と自発的に合併することはほとんどありえない。たとえば、かなりの数のよそ者たちが狩猟採集民のバンドに吸収されたという証拠を私は見たことがない。よそ者たちと、彼らが加わる可能性のある社会との文化がとても似ている場合でさえ同様だ。したがって、ひとつの部族のなかで村と村が融合する場合があるように、ひとつの狩猟採集民社会に属する複数のバンドが融合することはあっても、社会と社会は絶対に別々のままだった。人間の場合、社会が合併するときに相手側がもつ異なるアイデンティティを受け入れる見込みが低いために、いっそう激しい衝突が起こる。実際に合併がなされた少数の例でも、難民となった人たちが集まったものに近い。つまり、人数が少なすぎてそれだけでは存続していけないときに、連合社会が出現するのだ。一五四〇年代から一八世紀にかけて、土地を追われたネイティブ・アメリカンたちは連合するしか道がなかった。とりわけ、長年にわたりヨーロッパ人と彼らのもち込んだ病気と戦って大勢が命を落とした南東部において。なかでも有名なのがセミノールとクリークだ。難を逃れてきた複数の部族が合体すると、同盟のなかでも優位にある部族の名前と生活様式の多くがしばしば選ばれ、それ以外の部族が使う社会のしるしは少ししか使うことが認められなかった。[21]

異なる生活様式に慣れるだけでは、社会の合併にはいたらない。たとえばダルフールのフールは、通常は家畜をほとんど飼育できない不毛の土地で暮らしている。ウシを余分にもっている幸運な家族は、自分の土地を引き払ってバガラとよばれる集団に入れば、家畜を養うことができる。しかし、アイデンティティは変わらない。バガラとは部族ではなく、牧畜の生活様式を指すために用いられるアラビア語だ。ダルフールにいる多くの部族がそうした牧畜を営んでいる。したがって、フールのある家族が外部の部族のなかで牧畜を始めても、そして、他の牧畜民から味方として受け入れてもらえるくらい尊重されても、その家族は別個の存在であり続ける。バガラに属する別の部族の者と結婚したフールの者でさえ、育ちがちがうので、その部族で生まれ育ったメンバーとまちがわれることはない。[22]

よそ者と協力関係を結べる能力が人間にはあるが、同盟関係を結んだ結果、社会と社会が完全に合併することはない。それどころか、おおいに依存し合っている社会は互いを区別する傾向があることを心理学者が発見している。[23] イロコイ同盟は、共通の敵——最初は他のインディアン、その後はヨーロッパ人——と戦うにあたってきわめて重要だった。部族は、統合された領土のさまざまな境界線を防衛する任務を負っていた。しかし、六つの部族が独立した存在であることに疑いの余地はまったくなかった。[24] イロコイのような連合に誇りを感じることはあっただろうが、だからといって、もともとの社会がもつ重要性が小さくなることはなかった。

このことについては、かなりの程度、納得ができる。狩猟採集民のバンドが集まってできた社会から、巨大な帝国にいたるまで、自身の主権を自発的に手放して、いっそう大きな社会を建設したことは一度もない[25]。人々と土地の両方を攻撃によって獲得することと、自発的ではない合併をすることで、異なる社会がひとつの囲いのなかに入れられてきた。ギリシアの哲学者ヘラクレイトスは戦争は万物の父であると言ったが、それは正しかった。中東から日本、中国からペルーにいたるあらゆる地域で、社会から文明が生み出された手法はひとつしかなかった。それは、人口の爆発的増加と領土の拡大を、武力か支配によって組み合わせるというものだった[26]。

人を取り込む

よそ者を人間の社会に吸収することが始まったきっかけは、攻撃ではなかったのだろう。そのきっかけは、よそ者をときおりメンバーとして受け入れたことだった。両者にとって得のあることだと思えばそれほど害はなく、多くの種でセックスの相手を見つけるために必要とされることだ。バンド社会はメンバーのなかから配偶者を選ぶことができるほど人数が多くなる傾向があったが、集団間での提携を確実なものにするために、そして近親交配が行なわれるのを長期間にわたり最小限に抑えるために、別の集団へ移籍する例もときおりあった[27]。

そのようによそ者を迎え入れることは、初期の人類にとってさえも簡単なことではなかっただろう。配偶者（女性の場合が多い）や、迎え入れられた難民や追放者は、順応するための努力をしただろう。新入りの風変わりなふるまいがもてはやされることも少しはあったかもしれない。社会としてその人の技能から得るものがある場合には。自分では作れない道具を何かと交換で手に入れるよりも、道具を作る職人を手に入れるほうが良いではないか！　それでも、よそ者と接触する場面で人が自身のアイデンティティを大切に守ることからすれば、新入りが社会の生活様式に影響を与えることはほとんどなかったのだろう。[28]自分のやりかたを変えることが苦手であるか、それを嫌がる新入りは苦労をし、もしかすると周りから拒絶されたかもしれない。しかし、よその土地で生まれた者が新たな社会になじむために自身のアイデンティティを変えるにしても、ある程度までしかできないだろう。メンバーの入れ替えは決して無条件にできることではないのだ。新しく入った人が一生懸命になじもうとしても、その人の本質は異質なままであり、変えられるものではない。[29]人類学者のナポレオン・シャグノンは、長年ヤノマミを観察した後にこう書いた。

私のことを、よそ者であるとか人間に劣る者であるとか思わなくなってきた人が増えていき、私は彼らにとっていっそう本物の人間であり、彼らの社会の一部であるようになっていった。ついに、まるで彼らから私に許しを与えるかのように、こう言われるようになってきた。「お前はほとんど人間で、ほとんどヤノマミだ」[30]

ヤノマミによるシャグノンの、あるいは新たなメンバーの見かたを信じれば、他のどの人間社会でも同じだが、新入りはメンバーのしるしのすべてに習熟することは決してできないということになるだろう。隠そうとしても隠せないようなちがいがあれば、新入りの出自がばれてしまう。たとえ、社会にとって最も重要となる点をうまく変えることに成功して、社会のなかで居心地良く暮らすことができるようになっていても。

そうであっても、このようにひとりか二人のよそ者を加えても、民族集団が出現するにはまったくほど遠かった。不快な真実について話そう。人々が定住するまではほとんど発展したことのなかった産業を経由して、民族というものが初めて出現した。その産業とは、奴隷制だ。

奴隷を取り込む

奴隷制は、ほぼ人間しか行なわない。もちろん、本書の前半で簡単に説明したように、奴隷を使うアリはいる。それ以外の脊椎動物のなかではラングールというサルに、奴隷を使うことに多少は似た行動が認められる。子どもを産んだことのない雌が、別の群れから子どもを盗んできて育てることがあるのだ（ただし赤ん坊が生き延びる確率は低い）[31]。西アフリカでは、他の群れを襲ったチンパンジーの雄たちが雌を殺さずにセックスの目的で自分の縄張りまで引っ張ってくることがときおりある。しかし雌は、連れて来られたその日に、機会をとらえてすぐに逃げ出す[32]。

よそ者を捕まえてずっと手許に置いておく行為を狩猟採集民が明らかに選択することはめったになかった。バンドや小さな村から逃げるのはとても簡単だったからだ。それでも、襲撃者たちは生き残った女たちがいれば連れて帰ることができ、女たちは、勝った側の男と結婚する以外にほとんど選択肢はなかった。奴隷制をつねに実践していたのは、少数のバンドや小さな部族社会だった。その一例が、グレートプレーンズのアメリカン・インディアンであり、捕虜を取るだけでなく、商品として売買もしていた[33]。そうした捕虜たちは逃げることはできたが、自身のもともとのアイデンティティが汚されてしまい、もう故郷へは帰れないと感じていたかもしれない。一九三七年にヤノマミに捕らえられた一一歳のスペイン人の少女、エレナ・ヴァレロがその例だろう。彼女は二四年後に逃げ出したが、先住民の血が半分入った子どもたちはスペイン人社会から疎んじられた。彼女は人類学者のエットレ・ビオッカに「母親はインディオだから、その子どもたちもインディオだった」と苦々しく語った。[34] 一七八五年にコマンチに捕らえられたメキシコ人女性はチワワ長官の娘だったにもかかわらず、救出を拒んだ。顔に部族の入れ墨をして帰るのは惨めだという返事をよこして。それは、社会との深いかかわりを生涯にわたって確かなものにするような、消すことのできない種類のしるしだった。[35] 二つの事例ではどちらもヨーロッパ人が捕まえられたが、部族の者が別の部族に捕らえられた場合にも同じ問題が生じた。

定住社会が捕虜を取るようになってくると、奴隷の重要性が増していった。ただし、すべての定住社会が奴隷を使っていたわけではない。アメリカ北西部のアメリカン・インディアンたちでさえ、何世紀も定住生活を送った後に、徹底した奴隷制を行なうようになったくらいだ。彼らはしばしば、奴隷たちが逃亡する可能性をなくすために、故郷に帰ることがほとんど不可能なほど遠い村まで遠征して捕虜をさらってきた。[36]

奴隷制では、新入りと、それを受け入れる社会との関係の不平等さが非常に極端になり、社会には、捕らわれた者を完全に支配する権利が与えられていた。捕虜たちの身分はずっとよそ者のままで、社会との一体感をもつことは奨励されないか、禁止された。人間の生活にしるしが重要であったことからすると意外ではないだろうが、奴隷として識別するために、一種の焼き印が捕らわれた男女につけられたこともあった。入れ墨や、熱した鉄を押しつける本物の焼き印が、南北アメリカや中世のヨーロッパで幾度も用いられた。剃髪も広く行なわれた。髪型はアイデンティティを指すものとして自尊心にかかわるものだったので、髪の毛を失わせることは、心理的な打撃を意図的に与えることだったのだ。体を傷つけるだけでなく侮辱を与えるために、多くの社会が残酷な通過儀礼を奴隷に課し、出生時の名前を使うことを禁じた。こうした措置によって、以前のつながりを取り戻したいという願いを奴隷がもっていたとしてもそれを断ち切るとともに、彼らが貧しい身分であり、意味のあるアイデンティティを喪失したということをあらゆる人たちに見せつけた。[37] 奴隷がいったん傷物にされ、永久に故郷に帰れなくなると、奴隷所有者たちは、さらに多くの奴隷を捕まえるための遠征に奴隷を連れて行くことで、故郷の社会についての奴隷の知識を利用することができた。[38] 奴隷は有益でもあった。休戦を交渉したり取引を結んだりするときに、彼らの言語能力が使えたからだ。歴史上最も知られている捕虜のひとりがサカガウィアである。一八世紀末にヒダーツァによってショショーニからさらわれた人物で、後にルイス・クラーク探検隊のガイドを務めた。[39]

奴隷を所有することから得られる利益は非常に大きかった。一時間の攻撃で確保した人質からは一生涯分の労働力がもたらされた。捕らえた側にかかるコストは、荷役用の動物に費やされるコスト——餌や小屋——とほとんど変わらないうえに、生まれてから育て上げる時間も費用もかからない。北米のアメリカン・インディアンは荷役用の動物を使っていなかったので、太平洋岸北西部の部族にとって奴隷は、多くのヨーロッパの社会においてウマや雄ウシがそうだったように、経済的にきわめて重要だったのだ。実際、歴史には、奴隷を動物にあからさまにたとえた例がいくらでもある。何よりも、このようなたとえからは、自分たちだけが完全な人間であるとみなし、よそ者にはそれよりも低いランクを割り当てるという傾向が人間に古くからあることがうきぼりになる。平等主義的な狩猟採集民でさえもよそ者を人間以下とみなしただろうが、奴隷制によってこの考えかたが日常的なものとなり、こうした人間でない者たちには品物としての価値が与えられた。ある学者は、太平洋岸北西部のアメリカン・インディアンたちが他の部族の者のことをどのように見ていたかについて、次のように書いている。「沿岸部で自由に暮らす人々は、まだ捕まえられていないサケや、伐採されていない木に似たものとしてみなすことができる。そして、漁師がサケを食材にしたり、木工職人が木で小屋を作ったりしたように、強欲な戦士たちが自由な人々を襲って富へと変えた[40]」

極端かもしれないが、奴隷が動物と同じ身分であることは、社会的な地位が不均衡であることの延長線上にあった。そうした不均衡は、定住社会に暮らす人々のあいだに頻繁に出現していた。アイデンティティを剥奪され、下の下に位置する奴隷たちは、人間の頭が作り上げた序列のまさに底辺にあった。こうした序列が運命の定めと受け止められていたために、アリストテレスより以前の時代から何千年ものあいだ、奴隷が最底辺に位置することが当然で正当なものであると思い込まれていた。まさに、遠くから奴隷を連れてくるひとつの理由が、捕らえられた者たちの素性や外見がめずらしいものであるために、彼らを自分たちとは異なる者で、したがって劣る者とみなすことが容易になるからというものだ。大半の奴隷を所有していたのは上位の階級に属する者たちだった一方で、低い地位にある者たちにとっても奴隷の存在はありがたいものだった。彼らは、自分たちが社会の底辺に位置しているという思いと、そういう階層に与えられる卑しい仕事から解放されたのだ。これが、狩猟採集民のバンドで暮らす人々が奴隷を使うことがめったになかった理由のひとつになる。誰もが同等な価値をもつ仕事をして、なおかつ余暇もある場合には、奴隷制はほとんど意味をもたなかった。奴隷を監督するとなれば、仕事量が増えただけだろう。それでも、すべての奴隷がひどい扱いを受けたわけでも、ごみの運搬や採石などの卑しいとされる仕事や危険な労働をしたわけでもなかった[41]。奴隷は良い条件下で最も良い働きをし、リーダーの使う奴隷は、リーダーの身分にふさわしくなければならなかった。しかし、奴隷の役割がどういうものであれ、奴隷は、アイデンティティを確立するための基準点となっていた。たとえばチェロキーにおいて奴隷は「規範から外れた者として機能していた」と歴史学者のシーダ・パーデューは説明している。「社会のメンバーはしばしば、自分が何者であるかを述べることや規範によってではなく、自分がどういう者でないか、すなわち逸脱者を入念に定義することによって自身のアイデンティティを確立する」ことから考えると、その存在は貴重だった。[42]

社会がいったん奴隷に頼るようになると、たいていは、もっと多くの奴隷を継続して捕らえなくてはならなかった。奴隷から十分な数の奴隷が生まれることがまずないからだ。男は扱いやすくするために決まって去勢された。さらには、男女ともにストレスが原因で生殖機能が低下することがあった。奴隷を使うアリたちが、女王をもたず繁殖できない奴隷アリを補充するために、ときには前と同じ巣に何度も襲撃をかけなければならないのと同様に、奴隷を使う人間も、奴隷の数を維持するために、しばしば同一の「劣った」社会にさらなる襲撃をしかけなくてはならなかった。

征服社会

奴隷の存在そのものによって、もっとたくさんの奴隷とその異質性を受け入れるために、社会の境界を外へと広げることが求められた。これは革新的な出来事だった。だが、狩猟採集民や大半の部族社会において奴隷制が始まった当初は、ときおり数人の奴隷を社会に加える程度にすぎなかった。奴隷の数は非常に少なく、単なる動物として扱われることもあったが、彼らは社会にやがて訪れる多様性の先触れだった。実際、奴隷が存在するだけで、相当な数のよそ者を社会に取り込むということが理解可能な概念になった。それでも、社会がどのように全員を包含し、メンバーとしてみなすようになっていったかという疑問は残る。

そのプロセスが進行するきっかけとなったのが、戦争をしかける動機の変化だった。人々が、野生であれ家畜化または栽培されたものであれ豊富な食料源の周囲に定住すると、しばしば、欲深い隣人たちから自分の身を守らなくてはならなかった。太平洋岸北西部の部族は、かなりの数の住居や貴重な漁場や備蓄品をもっていて、それらは奪われる恐れがあった。また、自衛をするための、あるいは他の者たちから物を奪うための人的な資源ももっていた。[43] 砦の遺跡を見れば、世界各地の古代の村では、よそ者の脅威から自衛をする必要があったことがはっきりとわかる。[44] 定住地で生活することで、きっと、こうした恐怖や不信といった感覚が増幅されただろう。人々が一カ所に固まることで危険が出現しやすくなるからだ。ただし、人々が近くに集まっていれば、協力して素早く行動することもできるので、定住は合理的でもあった。[45]

物が密集することから自衛が必要となり、やがて、社会が空間的にも人口的にも拡大していった。遊動型の狩猟採集民のあいだでは他の誰かの土地や、そこにいる人間を奪うことはめったになかっただろうが、好戦的な集団が豊かな縄張りを併合して、その土地の住民を生かしておけば、戦利品が何倍にもなるだろうということを部族社会が察知した。実際、よそ者の集団を滅ぼすことが最終目標であったり、過去にあった衝突の結末であったりする例はほとんどなかった。[46] この観点からすれば、ナチスがユダヤ人のいない世界を理想としていたことや、ＩＳＩＳがシーア派を必死に根絶しようとしていることなど、この一世紀に起こったことの多くがいっそう常軌を逸しているように見えてくる。[47] ソドムとゴモラのカナン人の男女と子どもたちがひとり残らず殺されたと聖書にはあるが、遺伝子の研究から明らかにされているように、カナン人は現在のレバノン人の祖先なのだ。[48]

征服した相手を支配することの動機を考えると、民を全滅させることは理屈に合わない。奴隷にするほうが殺すよりも経済的に賢明であることから、征服社会はその計算を用いて社会全体を取り込み、貢ぎ物や労働力を継続して引き出すことができた。人間以外には、このように群れ全体を征服することに近い行動を見せる動物はいない。アリもそのような行動はしない。降服しそして征服されるということはありえないのだ。戦利品を手に入れるにあたり、アリには二つの選択肢しかない。奴隷を捕獲するか、敗者を抹殺するか。後者の場合、共食いが一般的だ。人類もそうであったように。[49]

バンド社会の狩猟採集民はこれを成し遂げることができなかったが、村社会にはできた。だが、すべての部族が縄張りを奪うことを好んだわけではない。太平洋岸北西部のアメリカン・インディアンは遠くまで赴いて奴隷を捕まえたが、遠方の土地やその住民たちを支配することは、あるにしてもまれだった。一方、拡大統治に積極的な文化をもつ部族は、ほとんどの場合、自身の縄張りに隣接する領土をもつ者たちと戦った。敵意をもった隣人のほうが、遠くにいる者たちよりもいっそう脅威であるから、そして、近くの土地に住む人々のほうが支配しやすいからである。この作戦を用いる征服社会は首長制社会とよばれる。すなわち、リーダーである首長によって支配される社会だ。

首長制社会はつねに、社会のなかのごく少数派だった。それでもヨーロッパ人の探検家たちは何百となく首長制の社会に遭遇した。そのなかには、被支配者の数が数千人にのぼる社会もあった。たとえば、北米東部の多くの地域には、トウモロコシの栽培と土塁で有名な首長制社会がいくつもあった。しかし、すべての首長制社会が農業を営んでいたわけではない。たとえばフロリダのカルサは、定住型の狩猟採集民による首長制社会だった。

首長制社会は社会の発展にとって、アイデンティティのしるしの進化と同じくらい重要な転機となった。新石器革命以後、首長制社会から始まった行動パターンがなければ、文明はひとつも存在しなかっただろう。そのパターンとは、他の社会を徹底的に打ち負かして破滅させ、民を奴隷に取るか殺すかするのではなく、征服するというものだ。

他者を征服するためには、村を効果的に監視することが必要だった。先述したように部族のリーダーの力はふつう弱かったが、ときおり傑出したリーダーが出現することがあった。人類学者がビッグマンという用語（首長と同様に大半が男性だった）でよぶそのような人物は、たいてい優れた戦士として実績をあげてから支持を集めた。部族どうしがつねに対立しているニューギニアでは、大勢のビッグマンがいた（今もいる）。部族の人々がさらされる脅威に応じて、こうした頭《かしら》たちの影響力も変化したのだろう――さらには、アウエイ（＝Au/ei）ブッシュマンについて述べたように、頭がいなくなった場合もあるだろう。彼らはバンド社会からほぼじかにビッグマン社会へと移行し、歴史的な記憶が途切れないうちにバンド社会へと回帰した。しかし、近隣から攻撃をしかけられる危険を察知すると、ビッグマンは、チンパンジーの多くのボスが用いるような暴力的な手法に頼った。[50] そのような状況下においてビッグマンは、大勢の人間をまとめるためになくてはならない者とみなされるようになった。社会の大勢のメンバーは、社会学者のウィリアム・サムナーの表現を借りれば、戦いに備えて内集団を強化するために、団結したひとつの巣になることに同意したのだろう。

ビッグマンは、他の村を支配することによって首長になることができた。そうするには敵を襲えばいいとはかぎらなかった。首長はときに、もともとは自治権をもち互いに友好的な村々が公平な同盟関係を結んでいたところに力づくで介入し、共通の敵と戦うという目下のニーズに応えるための恒久的な連合体を結成した。このような強引な首長はその後、地域一帯を自分のものにして、領土をさらに拡大するための基地にした。[51] 強力な首長制社会は、かつては多数の独立した村であった社会を乗っ取るようになり、やがて他の首長制社会も飲み込み、人口が数万やそれ以上にも達した。

長く存続する首長制社会はほとんどなかった。社会を持続させるには、首長は反乱を抑えなければならなかった。しかも長期にわたって。ビッグマンのように力の弱い首長は、人々の尊敬をつねに勝ち取らなければならなかった。人々からの信頼が長続きすることはめったになく、首長の子へと自動的に受け継がれることもまれだった。首長が取れる最善の策は、戦闘を続けることによって、外部から攻撃を受けるかもしれないという人々の恐怖を煽ることだった。しかし突き詰めれば、首長制社会は平時にも存続しなければならず、そのためには、首長の立場と、首長の選んだ後継者の立場を強固にすることが求められた。地位が受け継がれる例は特定の動物においても見られる。ブチハイエナやヒヒの雌は母親の社会的な立場を引き継ぐ。人間の場合、現状を道理にかなったものとみなす心理学的な傾向があることに助けられて、リーダーの立場が長期にわたり擁護される。今日、最も虐げられた人々には、他者の高い地位は正当なものであり、重要な地位にある者たちは賢くて有能であると思い込む傾向がある。[52] こうしたおそらくは生まれついてもっている思い込みは、権力者を打倒する見込みが低く危険であるような場合に有効になるのだろう。こうした考えかたをしているせいで、人々はつねに、独裁者や専制君主や、神から授かった権利といった概念を受け入れてしまっている。リーダーを支配するのは神しかないと信じ込むために、リーダーの権勢がいっそう堅固になる。強力な首長は、人々にとって、トーテムポールと同じくらい恐るべき力をもったしるしを体現した。このパターンは今日も存続している。世界各地で大統領や首相の肖像画が壁にかかっていることからわかるように。しばしばこれらの指導者は、その地位を誇示する服を着た姿で描かれている。こうした定番の衣装の源流は、昔の首長がつけていた頭飾りにさかのぼることができる。

多数の集団を支配し続けることは、昔からずっと骨の折れる仕事だった。[53] 拡大していく首長制社会が機能し続けるためには、敗者を、たとえある程度は非人間化したとしても、奴隷の身分にまで貶めることはできなかった。以前のアイデンティティが完全に失われることはなかった。多くは家族や共同社会とともに自身の土地に留まり、人口を増やしていくことができた――大半の奴隷の場合とはちがって。しかし、首長制社会における生活は辛いものだっただろう。独立した村の住民には、バンドのメンバーと同様に、生きていくために必要とされる以上に努力をする理由がほとんどなかった。しかし、いったん征服されてしまうと、奴隷よりはひとつ上の身分であったかもしれないが、それでも敗者は、利用されるべき資源のように見られることが多かった。より大きな社会に併合されると、野営地のかがり火を囲んでしていた取引よりも、市場がいっそう大きくなった。そして理論上は、被征服者から獲得した資源は経済を増進させ、全員の利益になるはずだった。しかし、利得は首長側の人民のほうへ偏るか、いっそう多くの社会を征服するために費やされた。首長制社会の貪欲さに拍車をかけたのが、社会のなかで拡大しているある部分から向けられる要求だった。つまり、聖職者や芸術家など、食料の生産から完全に切り離された人々からの。

バンド社会や村社会では、各々の村やバンドは独自に行動することがまったく可能であり、たいていの場合はそうしていた。首長制社会になると、そのようなゆるやかな結びつきは過去のものとなった。すなわち首長制社会は、社会を統合してひとつの単位にする途上の一段階だった。私たちが今日、堅固な国家としてみなすものが形成されるかどうかの試金石だったのだ。社会を何世代も持続させるためには、首長制社会以降の社会は、人間以外の種では不可能なことを実現させる必要があった。以前は別個であった複数の集団が、融合するとまではいかなくとも、持続的に容認し合うことだ。たぶん直観に反するように思われるだろうが、こうした統一体を形成することは、メンバーがとてもよく似ている社会ではなく、さまざまなところから人々がやってきて共存し、互いに依存するようになった社会にとって最も強い意味をもった。このことは、最も豊かな成功を収めた首長制社会から発展した国家社会《ステート・ソサエティ》にとりわけ当てはまる。そうした社会の機構や安定性、さまざまな背景をもつ人々を融合させる作用については、この次に見ていこう。

第23章　国家の建設と破壊

五五〇〇年前、現在のイラクにあたるユーフラテス川東岸に隣り合っていた一握りの数の村の人口が膨れ上がり、複雑さを増していった。そのうちで最も大きな村には何千人もの人々が暮らし、かつては見たこともないようなさまざまな品物やサービスによって生活が支えられていた。道路や寺院、作業場もあった。楔形文字の記された多数の粘土板から、生活の多くの側面が注意深く監督されていたことがうかがわれる。[1] かつては首長制社会だったものが非常に速く形態を変え、新たな機構になった初めての社会のひとつがウルクである。その新たな機構とは、人類学者が国家社会《ステート・ソサエティ》とよぶものだ。ここではもう少しくだけて国家《ネイション》ともよぼう。初期の国家のいくつかは現代の基準からすればまあまあ大きい町にすぎなかったが、それでもなお、私たちが今日、忠誠を誓う対象である社会と同じ種類のものだった。

国家は、出現した当初から、たくさんの重要な属性を共通してもっていた。きわめて重要なものが、国家社会のリーダーは、首長が背負っていた責務の多くを免れていたという点だ。首長の権力基盤には限界があり、比較的容易に打倒されることがあった。首長の弱点の根元は、権限を委任できないというところにあった。首長制社会が大きくなると、征服された村の元首長たちは地位を保持することが許されたが、最高位にある首長が直接、各々の首長を監督しなければならなかった。この種の弱い管理も、併合した領土を一日では横断できなくなると実際には不可能になっていった。[2] これらすべてが、国家の出現とともに変化した。国家の長は、みずからの意思を法に定める権利をただひとりもっているると主張するばかりか、きちんとした社会基盤《インフラストラクチャー》を整えてこの主張を裏づけた。このようにして分業から統治へと進んでいった。こうして立派な官僚が誕生するとともに、社会は広大な領域を管理するようになっていったのだ。ひとつの国家が別の国家を征服すると、以前の国家の領土にあった各区域はたいてい州などの行政単位へと転換され、首都は行政の中心地へと作り変えられた。[3] 行政の仕事に習熟している政府の役人が、必要に応じて派遣された。こうした監督網によって、社会は以前よりも強制力をもって統治されることができた。首都と遠隔地とのコミュニケーションに時間のずれがあり、初期の国家にとってがこの点がつねに不利であったとしても。実際、強力な社会基盤をもつことで、国家は、リーダーが倒されても生き延びることができた。

国家はまた、他のいくつかの点においても首長制社会と異なる。ひとつに、国家においては法律が適切に制定されている。力の弱いリーダーをもつ社会においては人々が自警団的な行動をするが、国家では権限をもつ者が罰を与える。また、国家では、私有財産という概念が完全に確立されており、そのなかには上流階級がほしがる贅沢品も含まれる。首長制社会のなかでも名声を獲得する者がいて、ときには社会階級による差が見られたが、国家においては極端なまでの不平等が出現していた。権力や資源の手に入れやすさについての格差が獲得したり継承したりされ、一部の人が他の人のために働くようになったのだ。最後に、国家は、貢ぎ物や税、労働を、首長制社会でされていたよりも正式な方法で市民から取り立て、その代わりに、社会基盤とサービスを市民に提供する。市民はそれらによって、社会と、その内部にいるいっそう多様なメンバーとに、以前よりももっと精巧なやりかたで結びつけられる。

国家社会における機構とアイデンティティ

世界各地の国家は、権力を行使するといった決定的な特徴だけでなく、社会基盤やサービスの機構においても類似点をもっている。どのような社会とも同様に、国家は問題解決を行なう組織であり、大きな問題にはしばしば複雑な解決策が求められる。[4] この点において、国家には、これまで見てきたような社会性昆虫がもつパターンの多くが認められる。人間のものであれアリのものであれ社会が相当な大きさになると、メンバーを養い守るために社会に要求される内容が複雑で多様になる。その結果、こうした責務を果たすための手法も複雑で多様にならざるをえない。品物やサービスが必要とされる時点や場所に、物資や軍隊や人員を輸送するための解決策を見つけなくてはならない。基本的なニーズを満たせないと、大きな波乱が起こる恐れがある。したがって、立派で都会的な中心部をもち、文明とよぶにふさわしい国家を形成する方法は複数ある一方で、可能性の範囲は実際のところかなり限定されている。[5] 都市が成長していくと、土地の利用はいっそう計画的なものになり、学術施設や警察などの機構はいっそう精巧になり、就業機会の範囲は著しく拡大される。

さらに、規模により経済性も改善される。その例として、一人ひとりの食住にかかるコストが低下し、そのために資源の余剰が生まれ、それをアリは戦いに、人間は軍事に投資する。ただし人間は余剰を、科学や芸術、タージマハールやピラミッド、ハッブル宇宙望遠鏡のような、アリのようなレベルでの連携や勤労が求められるが必須ではないプロジェクトにも転用する。[6] 実際、まったく別々の歴史をもっていても、世界のさまざまな文明には、あまりに不気味とまでは言わなくても際立った類似点がある。歴史学者で小説家のロナルド・ライトは次のように表現している。[7]

一五〇〇年代初頭に起こったことはまったく異例であり、過去には一度もなく、未来にも二度とないようなものだった。一万五〇〇〇年かそれ以上のあいだ別々に実践されていた二つの文化的実験が、ついに対面したのだ。……コルテスがメキシコの地に立ったとき、道路や運河、都市、宮殿、学校、法廷、市場、灌漑設備、王、司祭、寺院、農民、職人、軍隊、天文学者、商人、スポーツ、劇場、絵画、音楽、書物をその目で見た。細かなちがいはあっても本質的にはよく似た高度な文明が、地球の両側で別々に発展していたのだ。

これらの革新の多くは、厖大な人口に食住を与えることを可能にしただけでなく、人々の他者についての考えかたに影響を及ぼすことにも貢献した。数個の狩猟採集民のバンド間での協力関係を維持するだけでは、それができる確率は低かった。社会が拡大するにつれて——ときには大陸の端から端まで——共通のアイデンティティを維持することが困難になっていき、部族社会が、さまざまな民をもつ国家に変容した。問題の多くは、接続性にかかわるものだった。アイデンティティの崩壊を遅らせるためには、市民が互いについてたくさんの量の、そしていっそう最新の知識をもっていることが好ましかった。人々は、変化を食い止めるか変化に順応することができる。ただしそれは、社会のなかで情報が効率的にやりとりされている場合に限られる。[8]

人間どうしの交流が著しく盛んになることが可能になったひとつの要因は、人間の個人的な領域《パーソナルスペース》が柔軟なことである。先述したように、この点は、人間が最初に定住したときにも重要だった。しかし今日では、それが極端なまでになっている。マニラやダッカの人口では、二三平方メートルにひとりがいる計算になる。狩猟採集民の人口密度よりも一〇〇万倍も高い。他人が近くにいても平気かどうかは育った環境にもよるが、広場恐怖症や孤独恐怖症（人混みを恐れる症状とひとりきりでいることを恐れる症状）などの問題がなければ、人々が密集していても病的な症状が出ることはほとんどない。[9]

近くにいることは、人々が他者のアイデンティティとの協調を保つための、ひとつのローテクな手法だ。それでも、これは必須ではない。どのみち、どのような国家でも人口の一部は田舎に住んで作物を育てなくてはならない。社会は、領土の全域にわたって接触を保つための他の手法も作り上げた。そのなかには、ユーラシアでのウマの家畜化や、メソポタミアの人々による文字の発明、フェニキア人による航海用の舟、インカ人やローマ人による長距離道路の建設、ヨーロッパでの印刷機械などがある。これらの革新すべてが、社会の安定と拡大を促進した。品物を移動し、中央権力による支配を容易に拡張する以外にも、こうした革新によって情報の伝播が増進された――とりわけ、アイデンティティについての情報の。これは、国家以外にも当てはまることだった。いったんウマを所有すると、タタールのような遊動民やショショーニのような狩猟採集民たちは、先祖が徒歩だけで移動していた時代に可能だったよりもはるかに広い範囲においてアイデンティティを保つようになった――国家のなかにいっそう多くの異質の集団が取り込まれるにつれて、複雑さが格段に増していったにもかかわらず。

古代ローマへと飛んでいこう。最盛期には、ローマ帝国の最も辺境の地を除いたすべての地域が、ひとつのアイデンティティによってしっかりと結びつけられていた。そのアイデンティティは、言葉や、服装や装身具や髪型の様式、陶器や床のモザイク、スタッコ仕上げの壁などの技術、ふだんの習慣、公式の伝統、宗教的なしきたり、料理、家の設計、水道設備やセントラルヒーティングのような高度な設備など、あらゆるものを包含していた。ローマとの一体感は、町や道路や水道の配置などの公共事業にまでも及んでいた。だからといって、属州がローマ化という画一的な基準に合致していたわけではない。ローマは、あらゆる社会と同様に、多様性を大目に見ていた。そして領土全域において、人々は、祖先の文化を反映した地方特有の装飾を施してローマ帝国との一体感を表現した。そのうえ、階級に応じた装飾もあった。裕福な人々は、ローマ人のアイデンティティを表す最も多数の表象を、そして最も高価な表象を選んだ。[10] このように広範囲でしるしに順応するためには、部族社会においても可能であったよりもはるかに効率的なコミュニケーションが求められた。

リーダーは、人々のアイデンティティを支える役割を果たしていた。リーダーシップの形式が交代制、委員会制、単独支配のどれであれ、リーダーは社会機構を形作る一助を担っていた。影響力をもつ者が、許容可能なふるまいであると一般的に合意されるものを規定するときもあれば、彼らの奇抜なふるまいが流行することも、リーダー自身が選んだふるまいを強要し、話しかたから服装まであらゆることについての基準を設けることもあった。部族社会や首長制社会では、リーダーの立場が脆弱であるため、こうした役割のなかで最も害のない、民の声としてのつとめを果たすことが、リーダーにとっての本業だった。有能なリーダーは、確固とした模範を設定し、同じアイデンティティや運命を共有しているという感覚を市民にもたせることで自身の立場を固めていった。これが、市民の数が厖大になってからも人々のあいだの絆を保つのに役立った。しかし、ひとたび人々が完全にリーダーの言いなりになると、リーダーの権限は増大していく傾向にあった。王は、首長がポトラッチでふるまうように、寛大さを見せる必要があるとはめったに感じなかった。多くの歴史的な事例において、リーダーのもつ影響力は、道路や印刷機など、情報が社会の隅々にまで流れる手段を確実に支配するところに表れていた。

社会に国家としての機構がはっきりと出現する頃には、宗教の役割がおおむね、人々の一体性をさらに強固にするような方向へと変わっていっていた。狩猟採集民は、癒やしや霊的な能力をもった人を敬ったが、アニミズム的な世界観をもっていたために、信徒らが何かを要求されることはほとんどなかった。[11]大半の部族社会や首長制社会はこの点においてほとんどちがいはなかったが、国家では人口が多すぎてメンバー一人ひとりが見えなくなってしまっているために、もっと厳しく監督することが必要になった。全能の神という概念を用いて、閉ざされた扉のなかでも、神から罰を受けるという恐怖を与えて人々の行動に影響を与えるしくみができあがった。[12]

暴君政治でないかぎり、国家からは、はかりしれない大きな利益が得られる。ミツバチの巣箱のなかにいるように密集して交流することから、人々の集団としてのアイデンティティが強化されうるだけでなく、情報が素早く交換されてタスマニア効果とは反対の効果がもたらされる。タスマニア効果とは、人口が乏しく互いのつながりが弱いために、先祖が成し遂げた革新を忘れてしまうというものだ。大勢の人々が触れ合えば、新鮮なものの見かたが流行るだけでなく、不断の社会の変化を体験することになる。五万年前に本格的に始まった文化の段階的な変化はその後加速を続け、生まれてから年老いるまでに、社会の著しい変化を経験しない人はいないというところまできている。このような動きによって、社会との一体感をもつことは、かつてとはちがって動く標的を狙うような難しいことになっている。[13] この効果を後押しするのが、国家のなかで拡張している大衆の結びつきと大衆の無知とが表裏一体であるという事実だ。バンドで暮らす狩猟採集民たちがほとんど包括的な文化的な知恵をもっていることとは対照的に、国家で暮らす人は誰もが、社会が機能し続けるために必要とされるもののごく一部しか理解していない。今日では、自分が何をすべきかを決めるにあたっても、社会の動向に頼らなければならないと感じている人が多い。

厖大な数の人々を保護し、支配するには、高いレベルの組織が必要となる。それは、最初に現れた国家社会にさかのぼることができる。国家は軍隊を組織し、反乱を平定し、攻撃的な戦術を用いてさらに他国に侵攻した。その戦術は、社会が成長するにつれて変容していった。狩猟採集民や部族社会にとっては用心深く襲撃をしかけることが理にかなっていた。戦士を数人でも失うことは痛手であったし、目的は征服ではなく損害を与えるか殺すことであったからだ。ビッグマンや首長はしばしば、配下の者たちにやる気を与え、彼らの心をつかむために、みずから戦士たちを率いる必要があった。そういうときでさえ、前もって立てておいた計画が戦闘の最中で崩れ去り、それについて何の説明も与えられず、戦士がそれぞれ単独で行動する傾向が強かった。

国家は、戦士の数の多さだけでなく、優れた戦術や武器やコミュニケーションによって敵を圧倒したのだろう。加えて注目すべきは、戦争のために徴兵された市民で編成された軍隊を、国家が厳しく管理していたことだ。国家は、軍事を専門家に委任していた。統治者は安全な首都に留まり、そこから攻撃の指示を出せた。そして戦いに勝てば、領土と生存者を奪い取るための指揮を取った。厖大な人口を養い、戦費をまかなうために、たいていは小麦や米やトウモロコシなどのエネルギー豊富な穀物の栽培を大規模に実践しなければならなかった。強力な集団としての軍隊のアイデンティティは、訓練をつうじて教え込まれ、愛国のシンボルとして浸透しており、シェイクスピアの書いたように「筋肉を固くし、血を湧き立たせる」兵士たちの覚悟のなかに塗り固められていた（『ヘンリー五世』三幕一場）。規律正しい訓練によって、軍隊の信頼性と画一性がいっそう強まった。こうした画一性と、戦争の規模そのものによって、戦争の非個人的な性格が確立された。個性のあらゆる痕跡が抑制された。大国間の戦闘は、巨大な匿名社会を作るアリのような性質を帯びた。狩猟採集民が襲撃をしかけて、出会ったよそ者を誰でも、しばしば知っている相手であっても殺した時代と比べて、罪を犯した集団のなかの誰にたいしてでも悪行への報復を与えることができると人々が感じること、すなわち社会的な代替可能性がいっそう増幅された。軍隊は、交換可能で、区別のつかない見知らぬ人である兵士たちと向かい合った。敵についての否定的なステレオタイプのせいで、彼らの個性がぼやけてしまったのだろう。よそ者を前にしたときにはよくあることだ。また、攻撃を受ける大量の敵たちは、一人ひとりの見分けがほとんどつかないような――見分けをつける必要もまったくないのだが――制服を着ていたという事実もあった。

文明の行進

「戦争が国家を作り、国家が戦争を作った」と社会学者のチャールズ・ティリーは適切に表現した。[14] 真に平和主義な国家はこれまでにひとつも存在していない。首長制社会について、あるいは私たちの国について語るのであれ、表面的な平和の裏には、何世代にもわたる権力闘争や、あらゆる時代の剣さばきが隠されている。いくつかの村を合わせたよりも大きな社会はどれも、かつては独立していた複数の集団で構成されている。クレタ島で青銅器時代に栄えたミノア文明は、商人や職人による穏やかな文化で有名だった。[15] しかし、最盛期には平穏に暮らしていたミノアの人々でさえ、この場合は歴史的な記録が残される以前の時代に、力づくで統合されたにちがいない。ルクセンブルクやアイスランドのような長期間平和が続いている今日の国家の人々についても、はるか昔までさかのぼれば同じことが言える。首長制社会が部族社会を飲み込み、さらには互いを飲み込んできたように、国家や、その後に建設された帝国が拡大を続けるパターンは、いつの時代も同じだった。記録に残る歴史をとおして、征服の後に統合と支配が続くというパターンが際限なく繰り返されてきたのだ。

対立のなかからどのように国家が誕生し、さまざまな背景をもつ人々を必然的に内部に抱えるようになるのかは、簡単に説明できる。国家が出現する頃には実質的に、人の居住に適した土地のうち占有されていない部分がもはや残っていなかった。放浪する狩猟採集民、部族社会、首長制社会、国家などいくつかの集団がすでにそこにいて、独立を保つためにできることは何でもする意欲をもっていた。拡大していく社会は、地図上の連続したキルト地の一部に割り込んで縄張りを主張する人々を、押しのけるか、征服するか、滅ぼすかしなければならなかった。ただし、すべての戦いの目的が土地を支配することだったわけではない。多くの場合、略奪品や奴隷を持ち帰るという目的もあった。それでもやはり、ひどく強欲で繁栄している国家は、境界線をどんどん外へと広げていった。ごく少数の狩猟採集民だけが、不毛で農耕を行なう価値がないために顧みられなかった土地で、かろうじて生きていくことができただろう。

しかし、戦闘で優位に立つことだけでは、首長制社会から大きな国家へと上りつめていくために十分ではなかった。ニューギニアなどの地域では主要な文明が発達しなかったが、その理由は、部族社会が危険な場所を逃れて別の土地に定住することによって、圧倒的な力をもつ好戦的な隣人を避けることができたからだ。少数の巨大な文明はたいてい、狭い空間にぎっしりと詰め込まれた社会を奪い取ることで誕生していった。人類学者のロバート・カーネイロが地理的限定とよんだこうした状況では、征服は多大な効果を上げた。「移動性が見込めない場合に戦争が起こる」[16]と人類学者のロバート・ケリーが表現している。たとえば、荒涼とした環境に囲まれた肥沃な土地を耕している部族は、そのような限定を体験していた。彼らは、つねに争いのなかに身を置き、やがてそこから戦争が発生したのだろう。[17]砂漠に囲まれたナイルの渓谷に古代エジプトが栄えたことや、大海にぽつぽつと浮かぶハワイ諸島やポリネシア諸島に、人口が一〇万にもなるような巨大な首長制社会が支配権を主張していたことなどを考えてみよう。[18]

限定された環境で文明が栄えることが保証されているわけでは決してないが、文明は、他のどのような場所よりも限定された環境で出現する可能性がとても高い。[19] 限定されていない環境でも首長制社会や国家がある程度まで大きくなることはできるが、周囲にある社会が征服から逃れようとして拠点を転々と変えるために、さらに拡大していくことができなくなる。ニューギニアがそうだった。そこではエンガが、他の部族から追い詰められるのを避けるために、一体となって移動できた。それは、小さなアリの集落《コロニー》が対立を避けるために見せる逃走反応を思わせる。避難してきたエンガは、新しい場所に落ち着くために、新しく隣人になった者たちと同盟を結び、ひとつひとつの問題について交渉しなければならなかっただろう。[20] 人間は縄張りに結びつきを感じるようになるために、こうして移住することは大変な負担だった。しかし、どうやらこうしたフットワークの軽さの結果、ニューギニア島には、一九七五年に島の東端部にパプアニューギニアと称される国が建設されるまで、小さな国家社会でさえ打ち立てられることはなかった。それでも、パプアニューギニアの市民の多くが「国」のようなものが存在することを知るようになるまでには何年もかかった。国民の大半にとっては、自身の部族が最も重要なものであり続けたからだ。

攻撃的に拡大を続ける社会から逃れられない場合でも、流血沙汰なく勝利が決まることも多かった。集結した軍勢を、ある戦闘の記録によれば「毛を逆立てた怪物」の一団であるかのように見せる軍服や軍旗によって誇示された武力を前に、隣人たちがひるむ場合もあったのだ。[21]「帝国を拡大するにあたって、武力に訴える前に説得を試みることがインカの明確な方針だった」と、一七世紀初めに南米についての年代記を作成したガルシラーソ・デ・ラ・ベーガが説明している。[22] しかし、こうした演出がきっと交渉の行方を定めたのだろう。さらに、完全武装したよそ者たちから繰り返し脅かされるよりも、征服者に従ったほうが安全だったのかもしれない。

崩壊、簡素化、サイクル

国家への移行にかかわることは何一つ前もって定められたものではなかったということは繰り返して言っておく価値がある。それにもかかわらず、広大で複雑な国家、すなわち文明の出現は必然的なものであるようにも見える。たとえその理由が、国家が拡大することで小さな社会の数が大幅に削減されたからというものであっても。国家が社会の形態としては格段にまれなものであったのも不思議ではないが、今ではどこにでも存在する。

農業の発祥以降、征服を行なう首長制社会や国家が世界中に誕生した。大半は一時の成功に終わったが、そうしたはかなさから、社会がどれくらい複雑であっても存続が保証されることはないということが思い起こされる。社会はあるサイクルをたどるが、必ず栄えていくとはかぎらない[23]。『文明崩壊』においてジャレド・ダイアモンドは、環境の悪化や競争などの要因によっていかに社会の消滅が加速されるかについて考察している(『文明崩壊――滅亡と存続の命運を分けるもの』楡井浩一訳／草思社)[24]。しかし、ダイアモンドが崩壊とよぶものは、実際には社会がもつ刻々と変化する性質のうちの少数の極端な事例である。ここがとても重要なのだが、深刻な景気低迷よりも社会の滅亡を指して崩壊という言葉が使われる場合、崩壊よりも破断という言葉のほうがもっと正確だ。バンド社会と部族社会は分裂するが、首長制社会と国家は、複雑ではあるがしばしば予測可能な種類の分割を経てばらばらになっていく。首長制社会と国家が征服というかたちでよそ者を吸収してきたことから、過去に武力で占領していた境界線にだいたい沿って分断される傾向があり、結果として、国の領土が分割されたそれぞれの地域には別々の民族が暮らすことになる[25]。たとえばマヤ文明が崩れ落ちたとき、崩壊という言葉から想像されるように、人々はジャングルに逃げ出したのでも、長い時間をかけて広範囲に散らばっていったのでもなかった。たいていは、王が支配力を失い、社会の最上階層が消滅した。以前の社会にあった神聖な物やシンボルが冒瀆されることもあるかもしれない[26]。遠い昔に征服された辺境の地域が、してよいことの許可を与えてくる者がもはやいなくなり、リーダーのもとで国家から自由になることができた。最後に残ったマヤの王国であるマヤパンが、スペイン人が到来する数十年前に破断したことにより、一六の小さな国家社会だけが残り、征服者《コンキスタドール》によって発見されることになった[27]。

征服と分割は長年にわたって交互に繰り返される。もしもスペイン人たちが一〇〇年後の、このサイクルのなかの別の時点にメキシコに渡っていたら、おそらくマヤパンのような、生まれ変わったもうひとつのマヤ帝国に遭遇しただろう。あるいは、最も新しい崩壊がとりわけ強烈なものであったなら、それぞれに孤立した複数の農村に遭遇したかもしれない。前者の場合なら、スペイン人たちは、実際に目にしたものよりもはるかに素晴らしい宮殿や寺院、芸術品を前に呆然としたことだろう。このような国家が生み出す作品は、労働力や必需品の供給がなくなるたびに荒廃していく。たいてい、崩壊後に残された社会では文化が簡素化されるものだ。まだ宮殿が残っている場合も多いが、地方では、以前のような壮麗さを保つための資源や労力がもはや失われているだろう。極端な状況では、農耕生活と狩猟採集生活とのあいだを行ったり来たりするかもしれない[28]。

ローマ帝国も崩壊後、ついには小さな国家へと分かれた。これらの国家は領主へと統率権を委任することで存続し、これが封建制度になっていった。その社会機構は多くの点において、機能的には首長制社会と同等だった[29]。その時点で、人々がより大きな集団との一体感をもつといった意味においてその社会は、ヨーロッパの大半の地域においてかつての勢力の多くを失ったようだった。それでも、きめ細やかな研究によって、封土を超えて地方にたいして農民たちが抱いていた帰属感は、領主によって弱体化させられはしたが完全にぬぐい去られはしなかったと実証されている。中世とその後に小国家があっという間に出現したことから、はるか遠い昔にもっていた団結の感覚を人々がふたたび取り戻すことができたことがよくわかる。[30]

征服と崩壊のサイクルはどこにでもはっきりと見られる。歴史の記録には、首長制社会と国家が領土を拡大してメンバーや財産を獲得したが、拡大しすぎた領土を保持できなくなり、それらを失った事例が豊富にある。イェール大学の歴史学者ポール・ケネディが帝国の過剰拡大とよぶこの現象には、野心の強すぎる国家が侵略や内戦によって疲弊してしまう過程が見て取れる。[31] そのような状況で問題になるのは経済だった。遠く離れた地域の民を支配するには費用が高くつき、物流上の難題があっただろう。たとえ、辺境にある社会から異国の品物が提供されるという最大の報いがときおりあったにしても。辺境にいる人々を利益とみなすか負担とみなすかを分ける微妙な境界線があったのだろう。その判定は、そうした社会が征服者と資源を争っていたか、征服者の投資を正当化するほど十分な量の資源を社会が差し出していなかったか、あるいはその両方の背景があって下されたと思われる。一方で地方が、奪われた資源を相殺するほどの報酬を取り戻すことはめったになく、それが不満を助長した。重い負担を課された人々は奥地へと入り込み、政府の手の届かないところで難民として暮らした。しかし、歴史において幾度となく、自分の土地にしがみつく選択をした人々は、征服者のほうが退却をするか、闘争の末のいずれかの過程を経て、最終的に独立を勝ち取った。リスクを検討に入れると、ある時点で、実際的な選択肢が征服から通商へと変化した。この選択が、シルクロードと近代的な交易網の建設につながった。[32]

もっと壮大なスケールに発展するパターンもある。メソポタミアとメソアメリカはヨーロッパに似ていた。交易関係と、過去の征服の経緯からのつながりがあるために、多くの共通点をもつ複数の国家が地理的に近い範囲内に集まっていた。個々の社会とそれらを反映した地域性の両方が消滅することもあった。チグリス・ユーフラテス川周辺にシュメール、アッカド、バビロニア、アッシリアなどの国が出現しては消滅したが、これらにはメソポタミア文化とよばれる共通の要素が見られ、類似した芸術様式や多神教をもっていた。三〇〇〇年の栄華を誇った後、一世紀になると、メソポタミア文化の伝統と政治機構、言語がほぼすべて消え失せた。南方と西方から侵攻してきた遊動民によって打ち倒され、中東の現代の人々にわずかな形跡を残すのみとなった。[33]

これらの激動は、非常にゆっくりとした動きで進展していった。それぞれの国の盛衰はその地域の人々に痕跡を残し、さまざまな要素が入り混じった新しい文化を生み出した。征服された後にふたたび解放された人々は、祖先の生活様式に戻ることができたが、完全にそうしたわけではなかった。かつて属していたより大きな社会のしるしがまだ残っていた。以前に権力を握っていた者たちの言語を学んだり、彼らの考えかたを取り入れたりするときに、そうしたしるしを目にしただろう。そして広大な地域（たとえば、マヤ文明やその後に続いた多くの文明に支配されていたメソアメリカ全域）において人々のアイデンティティの類似性がいっそう高まり、それが過去に一体であったことの証拠として残っていた。そのような共通点があることで、次の段階での征服と支配が容易になったのだろう。

過去の社会が残した痕跡によって、世界の地理的な疑問のいくつかが説明されるかもしれない。たとえば南米の熱帯雨林に住む遠いつながりをもつ人々は、交易では簡単に説明づけられないほどよく似た工芸品や伝統や言語をもっている。彼らの混合文化は、すでに消滅したが、圧倒的な勢力をもち、大勢の人々のアイデンティティを作り替えた強力な首長制社会が存在したしるしなのかもしれない。セオドア・ルーズベルト元大統領のひ孫である考古学者のアンナ・ルーズベルトは、アマゾン川流域にはかつて都市がいくつかあったと主張している。私がスリナム共和国で見た先史時代の運河をはじめとする都市の遺跡は、緑のカーペットの下に埋もれている。[34]

国家の繁栄と衰退と繁栄

少なくともこの一〇〇年にあった戦争の大半は、勢力範囲を拡大するというよりも社会の転覆を狙った内戦だった。[35] 初期の人間社会の分裂にかかわっていたと論じてきた心理学的な要因が、いまだに作用している。国家の建設と崩壊の両方において、アイデンティティは今なお重要なものだ。ただし、ひとつ大きなちがいがある。バンド社会では縄張りの全域で亀裂が生じるが、その原因は、社会が形成された当時はとてもよく似ていた人々のあいだでのコミュニケーションがおぼつかなくなるために、差異が生まれてくるからだ。部族社会では何もないところから派閥が生まれた。それは、部族社会ができたばかりの頃には予測が難しかったようなことだった。しかし、国家の場合、遠い昔、まさに国家の誕生する以前にまでさかのぼる相違点をもつ多数の派閥の存在が、新たに集団が生まれる予兆となっている。スコットランド人やカタロニア人など独立を求めて闘っている人々は、政治的・経済的な利益だけに関心があるのではなく、心理学的な大きな動機をもっている。はるか昔までたどれば、自分たちは異なる民族であると思っているのだ。

これが心理学的に何を意味するのかを考えるとおもしろい。メンバー間に亀裂が生じたときの初期の人間の反応はおそらくゆっくり表面化していき、やがて重大な局面に到達したのだろう。メンバーたちの先祖は、社会が誕生したときには互いを同等な者とみなしていただろうに。対照的に国家の市民は、反乱を起こす外れ者が古くからもっている社会的なちがいにすぐに注目し、多くの反乱にただちに反応する。おそらく、相手を軽蔑するようなステレオタイプ的な考えかたが表面化するのだろう。そうした考えの少なくともおおまかな原型は、こうした人々が別々の社会に属していた時代にさかのぼることができる。

今日の分離主義集団は、苦難に直面したときに人々を結束させるために、あるいは分離を促進するために、過去と有意義に結びつくシンボルを利用し、さらにはそれを操作して人々の感情に大きな影響を与えている。[36] ユーゴスラビアが解体されて七つの共和国が誕生したが、それらは、かつて人々が大切にしていた国歌と国旗と祝日に手を加えて使っている。ときには、何かを付け足すこともあった。狩猟採集民が、分裂のトラウマを体験した後に、すぐに異なる方向へ進んでちがいを確立していったことが思い出される。[37] しかし、昔からあるしるしを使う権利を主張することは、新たに獲得した独立に活力を与えるための急場しのぎの手法ではある。

マヤの帝国など初期の国家社会が崩壊したときにそうであったように、崩壊後にできた国の人々は、かつてもっていた物よりも少ない物で何とかやっていかなくてはならない場合が多かった。もとの国の政治体制が極度に抑圧的でないかぎり、分かれたあとの国家は経済的に後退せざるをえない。今日、外部からの援助をほとんど受けていない解体後の国家が体勢をもち直す速度はゆるやかだ。ユーゴスラビアが解体して生まれた国のうち、ボスニアとコソボはまだなお停滞している。しかし、新たな社会との一体感という強烈な感覚があれば、生活の質が低下してもそれを相殺することができると私は見ている。結局のところ、遠方にいる支配者に強制的に服従させられることは、社会の弱体化を招く場合が多かったのだろう。幸い、地域社会の支えなど、社会という実体の基本的な核となるものが、社会の盛衰に際しても復元力を発揮するようだ。だから、バンド社会の分裂がだいたいにおいてメンバー全員に同じような影響を与える一方で、国家の分裂は権力者にとっては打撃であるが、他の人々にはそれほど大きなちがいはもたらさない場合が多いようにしばしば見えるのだ。

自分たちが最初にこの場所にいたと主張することと、それぞれの地域には古くから異なる社会があったことが主な要因となって、国家の終焉を招いてきた。一方、狩猟採集民のバンドにおいてそうであったように、場所によってアイデンティティが移り変わっていくことも影響を及ぼし、あらゆる国家に見られるような地域的な文化が生み出され、料理から政治まであらゆるものに作用する。しかし、そうしたアイデンティティのちがいが強く見られる場合でさえ、そのような地理的な差異だけで国がばらばらに分かれる可能性は比較的小さいと思われる。

たとえば、アメリカの南北戦争を引き起こした大きな要因は奴隷制であって、アイデンティティではなかった。当時、大半の南部人は、自身を何よりもまずアメリカ人とみなしていた。現在、南部の文化とみなされているものが誇るべき対象となったのは、南北戦争が終わってからのことだった。戦争の最中、南部の知識人たちは、南部の流儀のほうが優れていると謳い、南部への忠誠心をかき立てた。南部の白人は独自の民族集団であるという主張もそのひとつだった。われわれは純粋なイギリス人の血筋を引く子孫であり、北部の円頂党《ラウンドヘッド》よりもアメリカ建国の原則を忠実に守っているというのだ（北部人はイギリス清教徒革命で議会を支持した円頂党の子孫であり、たいして南部人はイギリス上流階級の貴族の子孫であるという伝説を南部人が信じていた）[38]。しかし、南部人の共通性を強調してもあまり効果はなかった。ほとんどの南部人は、連邦脱退が理にかなったことであるかどうかはよくわからず、南部連合よりも、自分の家族を守らなければという思いに動かされていた。北部のアイデンティティとは異なる熱心に共有されるアイデンティティがなかったことが、南部連合が結束を保とうとして苦慮し、結局は敗北を喫した根本的な要因だったのだ[39]。

離脱のケースの大半では、以前の領土権をふたたび主張することも含めてアイデンティティの問題に焦点が当てられてきたが、例外もある。政治的な要因が絡んできて、以前に存在していた自治集団との関係がまったくない国家を作ろうとすることもあるのだ。[40] ベネズエラとパナマがコロンビア（もとは大コロンビア）からそれぞれ一八三〇年と一九〇三年に分離したとき、互いの領土を行き来することが困難だったことから政治的な分断が加速化された。そのため、もともと民族が分かれていたわけでもないのに、別々の国になった。また、一九四五年に朝鮮が南北に分かれたときのように、外部の力が作用する場合もある。この件には、ロシアと中国、アメリカのあいだの対立が少なからず影響していた。あるいは、パキスタンとバングラデシュをインドから分離したほぼ人為的な境界線も同じだった。この境界は、イギリス政府と、一九四七年までイギリスがこの地域を支配していた時期に置かれていた藩王国の統治者とのあいだの交渉で決定されたものだった。またあるときには、植民地支配によってもたらされた目新しいものがきっかけとなった。おそらく、エリトリアがもっと伝統的な文化をもつエチオピアから分離した例がそうだったのだろう。本来はエチオピアとの共通点の多かったエリトリア人は、第二次世界大戦後にエチオピアに併合されるまでの長年のあいだ、イタリアの文化と統治の影響を受けていた。エリトリアは一九九一年に独立戦争で勝利した。

どのような社会も、それを構成するメンバーシップが重要でなければ、存続することができない。独裁者が機能不全な国家を一時は維持しても、集団への愛着がほとんどない人民はあまり献身的でも勤勉でもない。[41] ソビエト連邦が、国家と国民が構築されてから一世紀もたたないうちに衰退していった国の一例だ。ユーゴスラビアと同様に、ソ連は、人々がもっと深いかかわりをもつと感じている小さな国へと分裂していった。ソ連の場合、ラトビアとエストニア、リトアニア、アルメニア、ジョージア（旧称グルジア）が、とりわけ深い歴史的な一貫性をもつ国だった。[42]

考古学者のジョイス・マーカスは、古代の国家社会の寿命は、通常二世紀から五世紀という限界があったと見ている[43]。この持続期間から、国家と狩猟採集民のバンド社会の耐久期間は同じくらいだったとわかる。バンド社会も二、三世紀は存続していたことが証拠によってわかっている。なぜ国家はもっと安定性が高くないのか、と問わなくてはならない。統治体制が整備され、サービスが提供され、情報の流れがいっそうスムーズになったことで、市民が適切なふるまいについて互いがどう感じているかをもっとよく知るようになっていたのに。国家社会で生活することには利点はあるが、繰り返し現れる欠点がひとつある。それは、ある考古学者の表現を借りれば、国家とは「今にも倒れそうな奇妙なしかけであり、それを作った人々もせいぜい半分しか理解していない」というものである[44]。裁判所や市場、灌漑設備などが何らかの形で存在しているといっても、それらがつねに上手に作られているというわけではなかった。急ごしらえされた国家の機構の多くは、国や互いにたいする人々の献身がどこから生じているのかについての誤解と、そうした機構をどのように運営するかについての誤解のうえに築かれている。人々がアイデンティティを共有し、同じ目的をもっていると感じているかぎり、過大な力がなくても国家を運営していける。しかし、人間の歴史においてものすごい勢いで社会が征服されていったために、社会全体にわたって十分な絆を培うことは、ますます困難になっていった。アイデンティティのしるしは急激に変化するようになり、食いちがいを抱える社会の理想の姿を達成しようとメンバーたちがもがくことになった[45]。

よそ者を大量に内部に抱えることは人間以外の動物では聞いたことがないという話はすでにした。脊椎動物の社会がするのはせいぜい、つがいの相手や避難してきた者を一頭だけときおり受け入れることくらいだ。人間の社会がひとつの階級としてよそ者を受け入れる慣習は、捕虜や奴隷を取ることから始まったが、合意のうえでの合併だけでなく力づくで集団を丸ごと獲得することによって加速した。やがて、さまざまな種類の人々をより上手に統治し支配できるような国家社会が出現した。そうした人々のなかには、今日、民族や人種とみなされる集団も含まれる。これらの人々がどのように仲良く生活するようになっていったのかについて、次の第9部で考察する。国家社会でさえ、これまで見てきたように短命だ。前進し続けるために国家は、今にも倒れそうな機構と、豊富な種類の市民を前にして、人々が他のどのような帰属関係よりも大切にしている集団としての尊厳を保持することによって機能していかなくてはならなかった。そうするために国家は、自分たちは同じ一枚の布地から切り出された存在だという意識を市民に与えなくてはならなかった。新しい者たちを取り込んだために、市民のあいだに明白なちがいがある場合が多かったのだが。この点において、独裁的な支配を受け入れることが決定的な役割を果たした。

第9部　捕虜から隣人へ……そして世界市民へ？

第24章　民族の台頭

ブルックリンにある私のアパートから外に出て通りを横切ると、白人の男女が犬を散歩させていたり、マンハッタンへ行こうと地下鉄の駅まで走っていたりする。角を曲がってアトランティック・アベニューに出るとサハディーズが見える。一〇〇年続いている食料品店で、挽きたてのスパイスと地中海風料理のにおいがする。一帯には中東料理のレストランと市場があり、アラブ系アメリカ人たちが先祖の言語とアメリカ英語の両方をごく自然に操っている。お気に入りのカフェに落ち着くと、周りの丸テーブルには、アフリカ系アメリカ人の夫婦とアラブ系アメリカ人の家族、数名の白人の客と、そのうちのひとりに話しかけているメキシコ系アメリカ人がいる。

ニューヨーカーにとって、毎日がこんなふうだ。しかし、一万年前の狩猟採集民から見れば、私の素晴らしい春の日は理解の範囲を超えていた。厖大な数のさまざまな種類の人々を取り込むことは、人間社会の歴史において何よりも大きな革新だった。そうした革新によって社会には、以前は別々であり、ときには敵対関係にあった集団を吸収して、民族を形成することによって成長していくという選択肢が与えられた。民族とはすなわち、かつては個別の社会を構成していたが、やがて同じ社会に暮らすようになった集団である（そして時の経過とともに、しばしば心底から、自身がその社会の一員であるとふつうみなすようになる)。すべての人が私の住む地域のようにまったく異なるさまざまな民族に囲まれて生活しているわけではないが、今日のあらゆる社会は、均質な人々からなるように見える社会でさえ、リヒテンシュタインやモナコのような小国から日本や中国のような大国までが、いろいろな人々が混ざった社会であり、何世紀もの時の経過とともに市民のなかの差異が薄れてきているだけなのだ。政治における革新や宗教的な信念、そして科学的な功績にいたるまで、これまでに起こった他の急激な変化は、さまざまな種類の人間を受け入れて混ざり合うということと比べれば、わずかな調整だけで達成できた。

　首長制社会や初期の小国家において併合された集団は、今日、民族や人種とみなされているものとはちがっていたのだろう。征服者と被征服者とのあいだのアイデンティティのちがいは、ごくわずかであるか、まったくなかったと思われる。同じ部族に属する人々が隣り合ったいくつかの村に住んでいたのかもしれない。そうした村はかつて自治をしていたが、すでに政治的に融合されていた。しかし、首長制社会や国家社会が拡大していくと、異なる言語や伝統をもつ人々を内部に取り込んだ。顕著なちがいがあるためにコミュニケーションや管理において支障があったが、利点もあった。被征服者は紛れもない他者であり、そういう者として扱うことができたのだ。新入りの幸福を気遣う道徳的な必要性はあまりなかった。まさに、帝国とは、はっきりと異なる文化を管理するほど遠くまで拡大した国家であるとする定義がある。こうした戦略は、征服者がいったん海外へ飛び出すと、植民地化政策へと変化した[1]。

　いっそう多くの人々が加わると、自身の社会のなかで見慣れない他者に遭遇する体験がよくあることになっていった。社会は人であふれていた。その大半は見知らぬ人だった。さらに奇妙なことに、こうした見知らぬ人々は互いに異なる人間でありながら、仲間のメンバーとして認識され、扱われることもできた。いったい社会はどのようにして、多様な他者に順応し、彼らを私たちにしたのだろうか？

管理か受容か

「人々が征服されて属州に組み込まれ、やがて統合された帝国の一部になる過程には、民族の分裂と分解の過程が必然的に含まれていた」。ローマ帝国における人種差別の出現を研究した事例にこのように記されている。[2] 領土を貪欲に飲み込んでいく過程で、よそ者の集団は、密接にやりとりをする民族へと変わっていったのだろう。しかし、これはすべての社会において起こったわけではなかった。インカ帝国を研究した次の文章からそのことがわかる。

インカ帝国が成功した理由のひとつが、征服された人々がすでにもっていた政治的・社会的な機構を統治のために利用したことだった。被征服者たちの生活を変えようとする代わりに、継続性を保ち、彼らの生活ができるだけ混乱しないようにした。……被征服者のリーダーたちに政府内での権限ある地位を割り振り、ステータスの高い贈り物を与え、宗教的な信念や慣習を尊重した。その代わりにインカ人は、被征服者たちがインカのために熱心に働き、食料や衣服、陶器、建造物、その他の小さな物から大きな物までを製作し、従順で忠実な臣下であることを望んだ。[3]

被征服者は基本的に、独立した社会であったときにもっていたアイデンティティを保持していた。このことから、インカはローマ人ほど敗者にたいして支配的ではなかったのだろうと推測されるかもしれないが、それでは、間接的な支配がどのような厳しい形態を取っていたのかを正しく理解できていないと私は思う。征服された人々はインカからいくらかの食料と品物を受け取ったが、インカの大半の地方に住む人たちは、帝国のなかで実質的な社会的地位を与えられていなかった。彼らは一般的なインカ人との接触をほとんどもたず、支配者をまねることを禁じられた。なおもよそ者であり続けるために社会から完全に排除された不運な人々は、つねに完全に紛れもない他者だった。

もしもインカが、ローマと中国王朝が征服した多くの地方の住民にたいして最終的にはそうしたように、被征服者たちを社会一般に受け入れることを選んだなら、彼らは、インカと一体感をもつようになっただけでなく、自分自身をインカ人とみなし、たとえ帝国内での自身の立場が平等以下であり続けたとしても、帝国に誇りを感じたかもしれない。ところが実際は、辺境の住民たちは殴打されて従属させられ、不穏な動きは鎮圧され、命令を聞かない村の住民たちはまったく別の土地へと移住させられ、屈することを余儀なくされた。彼らにとってこうしたひどい扱いから得られたかもしれない唯一の利点は、庇護されることだった。インカは境界線を越えてきた部族を追い払った。境界線の近くに住む集団は、すでに顔見知りの敵に屈服するほうを好んだのかもしれない。共通の敵ほど、人々をひとつにまとめる効果のあるものはない。人々が別々の社会に分かれながら、安全のために互いに依存している場合であれ、同じひとつの社会に集団として完全に受け入れられている場合であれ、インカ帝国の大部分でそうであったように弾圧されている地方の住民であれ、このことが当てはまる。

確かに、このやりかたは効果があった。一六世紀にペルーに到来したスペイン人は、おそらく一四〇〇万人を擁する帝国を発見した。インカ人が、一世紀余りの歴史しかもたない牧畜民であったことを考えると、これは驚くべきことだった（その地域に以前栄えた王国の基盤をもとに帝国を建設できたという利点はあったが）。しかし、アメリカ合衆国が後に先住民にたいしてしたように、ひとつの国がその内部に主流から外れた小さな集団を抱えることと、人々の大部分が支配者にたいして好意的でなく、支配者との一体感をもたないような文明社会に君臨することとは別物である。もしもインカ帝国が、地方の住民に支配層を支持するように促すことで地方の支配を固めていたら、帝国はどれくらい長く存続しただろうか。

社会を統治する手法をインカとローマとで比較すると、支配を通じて人々を管理するやりかたと、人々を社会に組み入れるやりかたとのちがいが際立って見える。前者では、社会が征服されてからも従順な地方のリーダーがその地位に留め置かれる。リーダーは品物やサービスを供出する民を監督することで相当の報酬を受け取ったが、民はその見返りをほとんど得られなかった。一方後者では、人々が社会のなかに迎え入れられることもあり、その場合、彼らは、敗者ではあっても社会の一員になれるかもしれないという期待をもっていた。こちらの場合、品物やサービスの供出にたいする補償は中央政府によって対応された。人々がしっかりと社会に組み込まれるほど、忠誠心やアイデンティティが作り替えられ、以前の政府は求心力を失い、征服者から距離を置こうとする傾向がいっそう弱くなっていった。

国家社会は、容赦のない支配から寛大な併合まで、民の御しやすさと、民を管理することから得られる利益に応じて、さまざまな戦略を試みてきた。ローマ人は、帝国のあらゆる地域からやってきた自由民の文化や宗教のちがいを我慢して受け入れた。[4] しかし、特定のアフリカの地方からやってきたような手に負えないよそ者にたいしては厳しい制約を課していた。一方、ブリトン人のような従順な人々は社会に吸収した。[5] 国家の戦略は変化することもあった。何世紀ものあいだ、日本人は、北海道に住む狩猟採集民のアイヌにたいして相反する態度を見せていた。ときには威圧して彼らの流儀を捨てさせて日本人全般に順応させようとし、ときには他の人々から隔離した。[6]

中国亜大陸は、とても古い時代から征服が始まって多大な成功を収め、やがて、現在では中国人あるいは漢民族とみなされる事実上の均質性を作り上げ、現時点で中国の人口の九〇パーセントを占めるようになったという点で興味をそそられる。こうした大きな成果の要因は、初期の王朝が、彼らの文化や文字、そしてときには言語に転向する者を誰でも受け入れてきたという政策にあると考えられる。この伝統は孔子にまでさかのぼる。孔子は、漢民族の生活様式に従うだけで漢民族になれるという考えかたを広めたのだった。[7]

古代の文書の記録や、建築から漆器にいたるあらゆる物に表れているアイデンティティの変化をもとに、考古学者は、秦（前二二一年から前二〇七年）や漢（前二〇二年から後二二〇年）がいかにして現代の中国になる地域の多くを統合していったのかをひもといてきた。[8]配管設備や照明やその他の生活基盤などさまざまな改善を臣民にもたらしたローマ人とはちがい、中国の王朝は辺境に住む人々に生活の質が向上するような恩恵をほとんど与えず、繰り返し起こる反乱を武力に頼って鎮圧していた。秦や漢が用いた戦略のいくつかは、世界中で見られる領土拡張の多くの事例においても認められた。どちらの王朝も、国の中心部に最も近い地域を統合することに集中していた。その中心部は、北方で最初に漢民族が誕生したとされている土地の周辺に築かれたと信じられていた。漢民族の文化の優位を守るために、信頼の置ける臣民たちがそうした地域に植民するように勧められた。王朝が到達しやすい領域を重点的に統治していたために、後に朝鮮やベトナムとなる遠隔地を制御できなくなる事態に何度も陥ったと考えられる。地方民のあいだでは裕福な人々が最初に、子どもに漢の慣習を教えることが望ましいと理解したのだろう。何世紀もかけてこうした教育が社会の階層全体へと浸透し、一四世紀に明王朝が誕生する頃には、漢民族としてのアイデンティティが広く普及していた。たいてい、農耕に境界線の内側にも、王朝が主流に引き込めなかった土着社会がいくつかあった。

適さない山岳地帯に住む集団がそうだった。彼らを征服する労力の見返りに得られるものがほとんどなかったのだ。いくつかの民族の住む地域、とりわけチベットやウイグルのいる西方や、ワのいるミャンマーとの国境沿いが、やがて王朝の支配下に置かれるようになったが、そうなっても中央政権は、彼らを標準以下の者とみなして距離を置いていた。これは、一般的にアイヌを犬とみなしていた日本人の姿勢に似ている。[9] そのような異邦人の言語や習慣には手を出さないという不文律があった。一六世紀には、明王朝が抵抗する苗《ミャオ》を南部の山のなかへと隔離し、植民地政権がするようにミャオやその他の民族を抑圧した。[10] 主流社会から外れた者たちは、自身のアイデンティティを保持し、インカ帝国にたいして辺境がもっていたと思われる役割、そしてチェロキーのような社会において奴隷たちがもっていたような役割を果たしていた。ギリシアの大詩人コンスタンディノス・カヴァフィスが「では、野蛮人がいなければ何が起こるのだろう？／ああいう人間は、一種の解決策なのだ」と問いかけたのは正しかった。[11] 野蛮人は、単に存在することによって、何が適切で正しいことであるかを明らかにしているのだ。

同化

まだ解明されていないのは、結合された社会のなかでの相互作用がどのようにして、奴隷や征服から、もはや武力を必要としない相互に利益のある関係へと再編成されていったかという点だ。そうすることによって、社会の内部に食いちがいはあっても、過去に小さな社会のメンバーたちがもっていたようなしばしば好戦的な忠誠心をかき立てるような社会が出現した。ともかく人々は、相容れないアイデンティティをもつよそ者を受け入れるようになった。これまでに見てきたように、移植を受ける側の組織がもつ免疫学的なアイデンティティに一致せず、移植皮膚片を体が拒否する場合と同じくらいの激しさで社会が統合を拒絶する場合にも、よそ者を受け入れることが可能になっていった。こうした合併が成功したのは、人間のひとつの属性が新たな目的のために利用されたおかげである。人は、何かのアイデンティティを単に捨てて他のアイデンティティに乗り換えることはできないが、アイデンティティのしるしや、それらの利用のしかたは、私たちが、自身の社会の内部で起こる社会的な変化の展開に順応できるくらいに、つねに柔軟でなくてはならなかった。

前半の章で人間の心理を解説したときに、ひとつの社会のなかの異なる民族や人種を対象にした研究結果を、外の社会に属するメンバーにたいする態度に当てはめることができるだろうと推定した。しかしこの推論は逆のことも意味する。すなわち、私たちの祖先が外の社会とやりとりをするために発達させてきた心理学的な道具に手を加えて、社会のなかの民族や人種が共存できるようになるために使われてきたということだ。どのようにしてこうなったと考えられるだろうか。人間は自身の社会にたいする誇りを表明する。自身の社会が特別であり、自身のアイデンティティとよそ者のアイデンティティには差異があることを認識している。部族を征服し、よそ者を自身の社会に取り込むようになると、外部の集団を区別してそれに反応するためにすでに使用されているものと同じ思考回路が、社会のなかにいる複数の民族の関係を理解するために作動することを強いられたのだろう。もしもこの説明が正しければ、社会のなかのメンバーと、民族や人種のなかのメンバーは、多くの点で同等になりうる。しかし、重要なちがいがひとつある。民族集団は、社会の他のメンバーたちに気に入られようとして自身のふるまいを調整することで、自身がその一部となっていく大きな社会のなかで、自身のアイデンティティと社会的な責務を投資するようになる。民族集団は、ある程度まで、社会の内部にある社会のようにふるまうのだ。

この人類の物語の最終段階で、人々は、自然界では類例がほとんどないような道を歩み出した。社会の内部に社会があるという複雑な現象に最も似ているのは、海洋に広がる群《クラン》れをもつマッコウクジラだろう。それぞれのクランには、雌のおとなが数頭と子どもたちからなる単位《ユニット》という社会が数百個も含まれている。それでも、類似点は表面的なものにすぎない。クジラのユニットの行動や力関係には差がないが、人間の民族の場合はちがう。同じクランのメンバーであることから得られるものは、ユニットどうしが協力して、共通の狩りの手法を用いて獲物を効果的に捕まえる機会だけで、他には何もない。反対に、民族的な区別は、人間の生活のあらゆる面に浸透している。

より大きな社会のなかで複数の民族が互いを受け入れるとしたら、前進する方法は、互いのアイデンティティをうまく調整して、残っているどのような大きな差異も乗り越えることだ。民族間のちがいは、社会間のちがいのように、体に記されている――行動や外見に影響を与えるしるしというかたちで――ために、よそ者を社会に移植するには、よそ者がその土地のいわば「文体」に順応することが求められる。それが、同化するということだ[12]。

後に説明していくが、同化はある特定のやりかたで起こる傾向がある。なぜなら、主としてひとつの民族を中心として固定された社会へと、よそ者が取り入れられるようになっていくからだ。ほとんどつねに、社会を創設し、社会の中心部をもともと占有していたのは、この優位にある集団であり、彼らがおおいなる連鎖の頂点に君臨するようになる[13]。

権力の大半はこの中枢集団の手中にあるため、同化は非対称的なものとなる。優位にある文化に従うという負担は、他の民族の肩にのしかかる。まさにこの点から、私は民族という言葉を、日常的な用法にしたがって、つまりは優位にある人々ではなくこうした地位の低い集団を指すために用いることにする。優位にある集団は、社会に適合することをこうした民族に強制できるが、もしも民族のほうが自分たちが変われば有益だと思うなら、自発的に適合しようとするかもしれない。しばしばこの両方が少しずつ作用する。さらには他の民族の便宜にも合うように。こうした変化が強制されるのであれ自発的になされるのであれ、新入りが期待されることがらを習得するあいだ、優位に立つ者たちにもいくらか忍耐が求められる――まちがいなく、インカ人がふつう見せていたよりも大きな忍耐を。[14]

これは驚くようなことではない。狩猟採集民のバンドのメンバーが他の社会の者と結婚したときにも、同じような適応がなされただろう。そういう者も、受け入れ先の社会が許容する社会の境界の範疇に順応することが期待された。順応するまでは、社会の人々は、新入りのなじみのないやりかたをある程度大目に見なければならなかった。集団を丸ごと同化させるという可能性の起源は、ときおり誰かが別の社会の一員として受け入れられようとして移動するような事例にあったにちがいない。

民族が受け入れられるには、黒い羊という烙印を押される原因になるようなこと、たとえば優位にある文化から見て不道徳であるとか不都合であるとか思われるようなものをすべて抑制することが必要だった。一八八四年にカナダ政府が太平洋岸北西部のアメリカン・インディアンたちが行なうポトラッチを浪費で野蛮なものとして禁止したことは、数え切れないほどの事例のひとつだ。優位集団はこれまでずっと人々を「文明化」する責務を引き受けてきた。受け入れられる行動の基準を設定したり、未開人がみずからにふさわしい社会的な立場に収まることを強要したりしてきた。未開人とは、アメリカの定住者たちがアメリカン・インディアンを指して使った用語であるが、こうした感情は有史以前から存在していた。コロンブスは、サンタ・マリア号が新世界に着岸したその日に奴隷を見つけた。その土地では先住民たちが、捕虜を取ることを「飼いならす」こととして合理化していたのだ。[15]

この「文明化」はポトラッチほど大がかりではないふるまいにたいしても実行されたが、優位に立つ人々の目指すところは、自分たちと他の民族集団との境界線を消し去ることでは決してなかっただろう。同化の結末は一種の併合ではあるが、別個のアイデンティティがその過程で失われることはない。むしろ、かつての独立社会のアイデンティティが、優位集団のイメージに似せて作り直されるのだ——ある程度までは。

「ある程度まで」と述べたのは、風変わりな行為が優位に立つ人々を不愉快にさせるなら、過度な調和も同じように感じさせるかもしれないからだ。確かに、民族間での類似点が多すぎれば、大切なちがいを保持しようとする気持ちが損なわれ、最終的には偏見を悪化させることになりうる。同様に、同化が進みすぎると、民族集団の自尊心が打ち砕かれてしまいかねない。たとえ彼らが二級市民であっても。[16]したがって、優位集団が物事の多くを動かしてはいても、他の民族集団の見解も影響を及ぼしはするのだ。権力をもつ人々の期待に沿うことで民族の評判が、あるいは少なくとも正当性が高くなる。ただし、優位集団の独自のアイデンティティを邪魔しない程度の別個の集団であり続けるかぎり。だから、ユダヤ人がナチスの標的にされた理由のひとつは、彼らがドイツ人の文化に適合できなかったからではなく、むしろ、別個の存在として認識されながら、たいていの場合はドイツ人との区別がつかなかったからというものだ。大燭台《メノーラー》やコーシャ食品は、閉ざされた扉の内側では誰からも見られない。こうした区別のつかなさが、ユダヤ人は同化を利用して、富や影響力、悪意を隠しているという恐怖心を煽るために利用された。[17]健全な関係には、類似点と同じくらいちがいが重要だったのだ。

もちろん、あらゆる民族がいくらかの影響力をもち、社会がある特定の民族の料理や音楽、その他の文化的な特徴に触れるときに許容される境界線をそっと押し広げている。ちょうど、その社会が、他の社会からそのような要素を受け入れることがあるように。[18]たとえば、辺境の地をローマ化する過程において、ローマ人は、香水や染料、香辛料、葡萄酒など、その土地の人々から差し出される最上の物を手に入れた。[19] このように民族ごとの特徴が入り混じっていても、社会全体を記述するような一連の共通の特徴を抽出することができる(いわゆるアメリカ文化のように)。しかし、ほとんどの社会はもはや、人々がふだん文化という言葉を使う意味においての、ひとつの文化で定義されることはない。むしろ社会のメンバーは、共通点に注目しながらも、過去よりももっとたくさんの多様性を受け入れている。集団間のこうした寛容さと、さらには肯定的な態度を説明するために、心理学者は、上位のアイデンティティが社会全体の共通点を基盤にして培われていくと説いている。このようなアイデンティティによって私たちと彼らとのあいだの対立的なちがいが減少し、包括的な私たちという思考が生まれる。[20] これは、複数の社会を内部に抱える社会が機能するためには不可欠な観点だ。

確かに、どれか二つの民族が完璧な組み合わせになることは、いずれにせよありえないだろう。自身の民族的な背景から距離を置いても、言葉のなまりやその他の民族としての特徴がどうしても消えず、たいていは、祖先の基本的な行動規範を無意識のうちにもち続け、それらを自分の子どもに教え込む。[21] ちがいは世代を超えて存続する。長い歴史――漢の場合は二〇〇〇年――を経て、集団がほとんど融合するにいたったときでも。広範囲にわたるローマ帝国でも、属州によって人々のローマ化がさまざまであったように、社会のあらゆる地方の住民は、アイデンティティに独特のひねりを加えた。最古の中国王朝に暮らしていた漢たちは、漢の流儀を採用した地方民を同じ正当な漢とみなしていたかもしれないが、それにもかかわらず、ちがいに気づいていただろう。そして、証拠に残されているように、そうした漢を自身よりも劣った者と感じただろう。たとえ、中国にいる漢以外の民族集団ほどは劣っていないとしても。[22]

先ほど、狩猟採集民は国家をもっていたと言ってしかるべきだと述べた。現代国家にあるような政府の社会基盤がなかったにしても。しかし、実際には、多くの学者の見解によれば、同一の文化的なアイデンティティと歴史を共有する人々からなる独立した集団という意味での国家は、社会が画一的であった狩猟採集民の時代にしか本当のところは存在していなかった[23]（すべての国家社会は実際のところ民族の寄せ集めではあるが、私としては一般的な表現に従って、今日の社会を国家とよび続けたい）。

優位性と、それを維持する方法

社会の権力とアイデンティティの感覚を優位集団が支配することは、創業者利得とよんでも差し支えないだろう。しかし、優位集団のメンバーにとって最も重要なのは、国家の誕生までさかのぼり実際の先祖をたどることではなく、創始者と同じ民族であることだ。だから、多くのヨーロッパ系アメリカ人の祖先は一八四〇年以降にアメリカにやって来たにもかかわらず、白色人種《コーカサス人》がアメリカ合衆国で長らく優位に立っている。一方、ほとんどすべてのアフリカ系アメリカ人は、アメリカが独立する以前にこの地へ連れて来られた奴隷の血を引いている。つまり、平均的な黒人の家系は、平均的な白人の家系よりも長い期間、アメリカ人であるということだ[24]。ウィンストン・チャーチルは、歴史は勝者によって書かれると言ったとされている。確かに、国家が広める歴史では、優位集団に最も光が当てられ、権力と地位をもって当然だとされている。これはまた、平等主義的な狩猟採集民のバンドが歴史にほとんど関心をもたなかったことのもうひとつの理由である。

優位集団はなぜ権力をもち続けるのか？　彼らはしばしば多数派とよばれる。その名からわかるように、彼らはふつう人口の大部分を占める。それも特に、優位集団のもともとの領土においては。しかし、他の民族、すなわち少数派が人口の大半を占める場合がときおりあることから、頂点に立つことは、数よりも状況の問題でありうるとわかる。アパルトヘイト体制の南アフリカで、白人のアフリカーナ人が先住民であるアフリカ人たちを支配していた状況がまさしくそうだった。さらには、捕虜の数が自由民の数を大きく上回っていた古代ギリシアなどの「奴隷社会」においては、いっそう露骨で抑圧的なかたちが取られていた。また、遊動型牧畜民が作る社会も同じだった。馬を操る技を利用して、もっと大きな農耕社会を征服していったモンゴル人の社会のように。

一般的に優位集団は、辺境ではそうなりがちだが、数で劣勢な土地では支配者の地位にしがみつくことが難しい。このことは、ローマの首都でも同じだった。奴隷の数が市民の数を上回っていったからだ。ローマの奴隷はいろいろな土地から連れて来られており、これもまた多様な一般市民からはっきりと見分けることができなかった。政府は、奴隷に烙印を押せば数的な優勢がはっきりと見えて、反乱を助長するだろうと悟り、こうした複雑な状態を見過ごすことにした。[25] 人口は少ないが他よりも経済的に成功している少数派の集団も脅威とみなされることがある。マレーシアなどの国に住む中国人はそういう困難に直面してきた。ユダヤ人も歴史上のさまざまな時代に同じような体験をした。

辺境の地に住む人々は、他の人々と明確に区別される場合が多く、社会から抜け出すことに成功する確率が高かったが、彼らが優位集団や国全体の支配権を握ることはまれだった。「ここで、ニュートンの法則に相当する政治的な法則が認められる。権力を握っている者は、外的な力の作用を受けないかぎり、権力の座に留まる傾向にある」と二人の政治学者が述べている。[26] これは、優位に立つ人が、警察と軍隊を掌握し、自分の立場をいかに効果的に守っているかを示唆している。さらに、地理的にも文化的にもまったく異なる場合の多い少数派が、全体の数としては大きくても、優位に立つことがいかに難しいことであるかも示している。政権の転覆に成功した事例はある。そのひとつが、ローデシアで起こったものだ。白人が高い地位を失い、一九八〇年に国名がジンバブエに改められ、長年にわたるゲリラ戦が終結した。この例外によって、原則のあることがわかる。白人の「多数派」はもともと、わずか一五年前にイギリスから独立した際に残った元入植者であり、その数はアフリカ人の部族集団よりもはるかに少なく、そのために白人の権力体制はもろい状態になっていた。

優位集団による支配は、日常的なアイデンティティにまつわるものから、社会が最も大切にしているシンボルにまで及ぶ。多数派がしるしを支配することで、社会における少数派集団の立場が弱くなる。アメリカに生まれたアジア系の人々はアメリカ国旗を大切にするだろうが、彼らはアメリカ国旗を自分と同じアジア系アメリカ人よりも白人と連想しやすいことが実験によって明らかにされている。[27] 少数派集団のメンバーがたとえ何世代前にもさかのぼる立派な家系に属していても、ある程度は、「自身の国にいながら永久によそ者」であるという感覚をもっていることが、ある研究で示されている。[28] 一方、「白人プロテスタントのアメリカ人は、自分がそもそもどれかの集団に属しているという事実をめったに意識しない。自分はアメリカに属していて、他者すべてが集団に属している」と、社会学者のミルトン・ゴードンが書いている。[29] これが、優位に立つ人々がもつ最も重要な決定的特徴がおそらく何であるのか、そして、彼らはなぜ、ひとつの民族として語られることがめったにないのかの説明となる。多数派の人々は、自身を独特で特異な人間であるととらえる贅沢を手にしているが、少数派は、自身の民族集団と一体になるための努力を払わなくてはならないのだ。[30]

多数派の「自分たちの」国との結びつきのほうが、他の民族集団の国にたいする結びつきよりも強いことから、深刻な状況が生じる。優位に立つ人々がしばしば少数派の愛国心に疑問を呈するということが、実験結果から示唆されているのだ。[31] 人は自身について繰り返し口にされる偏見を受け入れるようになるために、こうした不信がきっかけとなり少数派を社会の主流から外すことによって、まさに多数派が恐れる行動が引き起こされうる。こうした疎外感が、国家のシンボルや富と縁がないことに加えて、少数派が社会への愛着をあまり表明しないことのもうひとつの理由となっている。[32]

今日の少数派が、山岳地帯に住むミャオのような、中国王朝の一員であった土着の部族が担っていたものとほとんど変わらない役割を果たしていることには、ひとつの意義がある。彼らは、社会の「純粋」な代表者であり続けている優位に立つ人々にとって、比較の参照点となっているのだ。だから、アジア系アメリカ人がどこの出身かとたずねられると気まずく感じる。そういう場合、ヨーロッパ系アメリカ人とはちがって、ピオリア（イリノイ州にある都市名）のような地名を答えることを期待されていない（そのような答えを口にしたら「いや、本当の出身はどこ？」と返ってくるのがおちだ）。[33] 最も多く中傷を受けている少数派は、社会において最も距離を置かれている。アフリカ系アメリカ人がその例だ。たとえばアジア系と白人の親をもつ異人種間の子どもは、なおもその特徴を背負ってはいるが、「黒人の血」をもつ人たちよりも社会に適合しやすいと感じている。[34]

社会と、そのなかの優位集団とのつながりは根深い。誰かに、その人の国の市民を頭に思い浮かべるように頼んでみよう。たずねた相手がアメリカ出身なら、その人の性別や人種にかかわらず、頭にすぐに浮かぶのは、ほとんどつねに白人男性だ。[35] イギリス人政治思想家のT・H・マーシャルは、市民権とは、「社会の完全なメンバーとして受け入れられる権利」であると定義した。[36] 多数派の人々が共有している利点について、そして民族や人種にたいする人間の心理学的な反応についてわかっていることからすると、ここで鍵となるのは「完全な」という単語である。

身分

民族と人種のなかでの身分関係は、単に多数派の優位性を受け入れることよりももっと複雑だ。存在のおおいなる連鎖のなかでの少数派集団の身分は、数十年や数世紀の長さで見れば流動的であることがわかる。[37] 身分が変化することは、人間以外の動物の社会にあるいくつかの集団や社会的ネットワークにおいては、あまり見られない。まれに、ヒヒの群れのなかの母系集団がさらに身分の高い母系集団との争いに勝ち、勝った側の雌たちがよりよい寝場所とより多くの食料にありつくことはある。[38] 人間の民族集団や人種集団では、このようにあからさまな攻撃を通じて身分の上下が入れ替わることはめったにない。その代わりに、他者を社会的にどうとらえるかにもとづいて、地位が上がったり下がったりする。[39] 身分が向上するには難関を超えなくてはならず、そうできても不変なわけではない。[40] 同種の民族に属する人々の身分も、不変ではない。身分が上昇した一族——ひとつには移住先の国の特徴をより多く身に着けることでそうなることが多い——は、自身と同じ民族でも、貧困層や最近やってきた人たちとはかかわりをもたないかもしれない。[41]

変化がゆっくりであることの理由は、確立された社会的地位が受け入れられる方法にもある。しかも受け入れる者たちは権力者だけではない。人々はしばしば、自身の属する民族や人種の地位を当然で不変であり、正当なものとみなす。それは、個人としての自分の社会的な身分が、自分にふさわしいものであるとみなすのとよく似ている。最初から、世界は基本的に正しいと思っているのだ。このようにして、人々や、彼らが属する集団の苦難が正当化される。[42] ある有力な心理学研究チームが言っているように、「特権階級に憤り、弱者に同情する代わりに、人はたいてい、見かけの能力主義を是認して、（集団における）高い身分はつねに能力の表れであると推測する」。[43] その結果、別のチームの表現を借りれば、「現状において最も苦しんでいる人々は、逆説的に、その状態に疑いをはさんだり、異議を唱えたり、拒絶したり、変えたりしようとする可能性が最も低い」。[44]

このような思い込みの強さには否定できないところがある。今日でも、インドの最下層カーストである不可触民の人々についてもこれが当てはまる。きっと、自分の運命をあきらめて受け入れていた奴隷にとってもそうだったのだろう。[45]社会的な立場をこうして黙認することは、最初の首長制社会や国家の時代までさかのぼっても、社会が成功するにあたって重要だったにちがいない。狩猟採集民がよそ者に向けて見せていたであろう用心深さや嫌悪が、社会の内部にある階級に向けられて、そうした感情が広く浸透したため、虐げられた人たちでさえ自分自身のことを否定的にとらえるようになった。心理学の研究からおおむね明らかにされたように、その結果、複数の民族が、社会的な不名誉を着せられながらも共存している。

実際、民族間にあるような力の差が社会間にもつねに存在していた。アメリカが、インドや中国など新興経済国と国際舞台での地位をめぐって競り合っているように。民族や社会として低い地位に甘んずるということになると、ピグミーが適例となる。彼らは、独立した狩猟採集民社会と、農耕社会における少数派集団のあいだの中間的な立場にあった。今でもなお多数がその立場にある。村に移動して農作業に従事する季節には、農民がやりたがらないつまらない仕事をこなす。彼らは出稼ぎ労働者の先駆けだったのだ。彼らと農民との関係から、社会内での民族間のやりとりには、社会間の同盟といった趣がいくらか残っていることがわかる。狩猟採集民のバンドがふつうそうするように、ピグミーが互いを平等に扱っていても、そして、農民たちがピグミーにミュージシャンやシャーマンとして敬意を払っていても、彼らの身分は明確だ。農民はときおりピグミーが彼らに「所属」していると言い、ピグミーも自身の立場をわきまえている。「森のなかでは、アカ［ピグミー］は歌い、踊り、遊び、とても積極的でいろいろな知識がある。村では、彼らの態度ががらりと変わる。のろのろと歩き、口数が少なく、めったに笑わず、他の人と目を合わせようとしない」と、人類学者のバリー・ヒューレットが述べている。ここで描写された卑屈な態度は、身分意識の強いヒヒや、最も強い威嚇を受ける少数派においてただちに認められるようなものである。[46]

ピグミーは、他の方法では手に入れることのできない品物と引き換えに、使用人の役割を進んで引き受ける。社会のなかの少数派も、同じような動機から自身の立場を受け入れたのだろう。ただし、ピグミーは、独立を保ち、気が向いたら森のなかの縄張りへと自由に戻れたことから、多数派によって支配される社会のなかに閉じ込められた民族が直面する途切れることのない不平等を回避している。[47] ピグミーのバンドは、ひとつの農村との結びつきを放棄し、別の村との関係を築くことで知られている。つまりピグミーは、優位集団を、おそらくはもっとよい関係を提示してくる別の優位集団と取り替えるのだ。

以前はよそ者だった集団――民族集団――が丸ごと社会のなかに受け入れられ、そのなかで身分を向上させていくことができるということは、奴隷として生き抜くために発達した反応に由来するのかもしれない。奴隷は、ピグミーがするように所属するコミュニティを取り替えて悪い状況を改善することはできなかったが、捕らわれの状態に順応する能力のおかげで生き延びることができ、ときには生活を改善することもできた。コマンチの社会では、奴隷がある程度までは部族のなかに受け入れられることがあった。社会の重要なしるしを身に着けることで適切な人間性を獲得したと判断された場合には。つまり、社会の慣習や言語に習熟すればそう判断された。ふつうは、子どもの頃に捕虜にされ、コマンチの家庭で育てられた場合には、それらに完璧に習熟できた。子どもはつねに理想的な略奪品だった。第一には御しやすく、第二にはアイデンティティが柔軟なために大人よりも完全に同化する（人間性を獲得する）からだ。[48] ある研究によれば、子どもは一五歳になる前に、最も開放的で文化を吸収するのに適した臨界期を通過するとされている。[49] しかし、家庭に引き取られることと、社会に完全に受容されることとは別物だった。後者は、異文化社会の養子になった子どもたちが今なお直面している問題だ。ただし一般的に、奴隷に同化する機会が与えられると、その子どもや孫たちは、現代国家の第二世代や第三世代として好意的に受け入れられた。[50] コマンチは奴隷に近道を与えたが、障壁は高かった。真のコマンチとしての身分を得て、コマンチと結婚するためには、奴隷は英雄的な行為をしなければならなかった。

奴隷が身分を上昇させて社会のメンバーになれる可能性があるかどうかは、社会のルールに左右された。オスマン帝国でそうだったように、力のある奴隷になることによって身分を上げる例があった。あるいは、個人として、ときにはひとつの階級として自由を獲得することもあった。ギリシア人は民主主義的だったが、奴隷を解放することはめったになかった。これに反してローマ人は、多数の奴隷を抱えていたが、簡単に奴隷を解放した。実際にローマの奴隷は、何世代もローマに住んでいる外国人よりも容易に市民権を獲得することができた。[51] しかし、ギリシアの奴隷は、身分を上げようと努力しても妨害されることがあった。今日のアメリカでは黒い色の肌から過去の奴隷制が広く連想されるように、拘束されていた過去をもっていればそれが障害となりうる。そのため、身分が正式に変わっても、社会的な立場が向上するとはかぎらなかった。身分向上への障壁は南北戦争以降いっそう高くなった。その当時、解放奴隷を雇用する者がほとんどおらず、彼らは、奴隷の身分だったときよりもさらに悲惨な状況に陥っていた。[52] 民族集団を社会に受け入れて地位を与えることの妨げとなる障害は、今ではそれほど目につかないが、それでもなお存在している。

統合

民族が身分を向上させて有用なメンバーとして社会のなかに混ざり合うために必要不可欠なものが

統合である。この言葉を私は、もともとは優位集団と空間的に離れて生活していたかもしれない集団が優位集団と入り混じるようになるという意味で使っている。数個の村から構成される単純な首長制社会でさえ、こうして容易に混ざり合うことがつねに許されているとはかぎらず、その代わりに集団はそれぞれの村の域内へと分離されていた。そもそも辺境の土地に住むメンバーが彼らの土地を離れるのを許すことは、アイデンティティを剝奪された奴隷としてそうする場合以外では、優位集団にとってリスクであるということに鑑みると、譲歩と言えた。人間以外の動物では、社会の領域内でこのように移動を厳しく制御することはめずらしく、縄張り内ですべてのメンバーが自由に移動することがふつうだ。少数の種では、メンバーのあいだで縄張りを分割する。プレーリードッグや雌のチンパンジー、バンドウイルカは、個体が特定の場所を好む例が多い。狩猟採集民のバンドでは、それぞれが最もよく知っている場所に執着しており、空間をもっと細かく分けて使っていた。それでも、これらの種も狩猟採集民たちも、縄張りのなかのどこへでも自分で選んで移動することができた。

人間の縄張り意識は、社会が拡大してよそ者の集団を取り入れ、それが民族へと変化していくにつれて、はるかに複雑になっていった。インカ帝国では、被征服者の大半が社会的にも地理的にも強制的に隔離された。民族集団からインカへの貢ぎ物を集めるために高い身分を与えられたごく少数の者だけが、あの有名な幹線道路を使うことが許された。もっと情け深い社会でさえ、首都へ自由に行き来する機会を民族集団に必ずしも与えていたわけではなかった。少数派、とりわけ生まれの卑しい者たちのほとんどあるいは全員が、生まれた土地を離れなかった。地方の人々は、以前には武力を行使することでしか確実に引き出されなかったような忠誠心や従順さを示さなければならなかった。集団が十分に同化して、信用できるとみなされるようになるまでは、強制的な隔離が続いた。民族集団がこのように変化するためには、安全な距離を置いてではあるが、国の文化を学んで身に着けることを優位集団から許可されることが必要だった。中国王朝では、被征服者たちが漢にふさわしいふるまいをしていると認められるまで、国の中心部に来ることが禁じられていた。その頃には、彼らも、自身が漢であるという「親近感」をおぼえるようになっていたかもしれない。こうした過程を経て、民族集団の利益よりも社会の利益のほうを重んじるような忠誠心を培い、いっそう大きな集団のなかに混ざり合う準備ができていった。寛容で自信の強いローマ人の場合、民族が同化する前に統合されることがしばしばあり、多くの異なる集団が首都で生活していた。

究極的には、民族が生まれた土地から外へ拡散するのを許すことは、領土全体における多数派の勢力を固めるために役立った。分散した人々は自身の集団との一体感が弱まり、集団でまとまっているときよりも声が小さくなる傾向にあった。それとともに、優位に立つ人々は、民族集団がもともとの領土の境界を越えて分散すれば、彼らの領土だった地域をいっそう容易に支配することができる。民族がうまく分散しているか、一般大衆とうまく混ざり合っているかのいずれかの場合に、社会内での軋轢が最も少なくなるものだ。[53] 後者の場合、統合が奨励され、積極的なやりとりや迅速な同化にいたる道が開かれる。多数派集団のメンバーは、彼らのなかにいるよそ者について知り、上手に順応していき、やがてよそ者がなじみがあり脅威を感じない存在となる。そして少数派は、「郷に入れば」のような格言に従い、期待されていることへの細かな調整をして、それに応じた社会的な地位を獲得する。このような直接の接触なしに、他者に適切に順応することは不可能だ。しかし、経験が浅く、古い慣習を今なお守っている新入りが母国から途切れずにやってくるような場合には、少数派が社会に吸収される速度が遅くなる。ちょうど現在、一部の中国系アメリカ人がそういう状況であるように。[54]

自分と同じ背景をもつ人々のなかで地方に暮らすことと、自由な人間として優位集団のなかで渡り歩くことのあいだには、大きなちがいがある。このような統合が実際に行なわれたのが、どれほど昔にさかのぼるのかはわからない。ローマ帝国は多文化主義の初期の実験場であったとみなされているが、その前に存在したギリシア文明は、ギリシアに生まれた集団にのみ開かれていて、他の民族はそれぞれの都市の港から外に移動することは禁じられていた。[55] しかし、バビロニアなどもっと古い国家で、辺境の地方からやってきた自由民が、優位集団のなかで問題なく生活していたかどうかがわかるような記録は残っていない。

もちろん、統合とはでたらめに混ざり合うことでは決してない。西暦一〇〇年あたりに現在のメキシコ・シティの近くに造られた古代の都市テオティワカンには、はるか南方からやってきたサポテカが住む特別の区画《バリオ》があった。[56] ローマには、ユダヤ人や東方からの移民が周辺部にある特定の区域にまとまって住んでいたという記録がある。そうした町にある民族特有の寺院は、多彩な人々の集まる場所だったにちがいない。[57] ほぼまちがいなく他の古代都市にも民族集団がいたはずだが、その証拠はほとんど残っていない。きっと、さまざまな集団が居住する区域が都市の存続していたあいだに頻繁に変動し、そのために考古学的な証拠に混乱が生じたからだろう。[58] 実際、近代の民族集団が局所的にも地域的にも拡大や縮小を繰り返し、同じひとつの国のなかでもあらゆる地域において、国のアイデンティティの表現のされかたにダイナミックな「特徴」が加えられていたことが研究から明らかにされている。[59]

しかし、空間的な分離の名残は、人々が生まれた土地から移動した後にさえ認められる。アメリカン・インディアンの居留地は、地域的分離の一種の遺物だ。かつては卑しい身分の集団が一般大衆から隔離されていたように、アメリカン・インディアンの部族は有用な土地から追いやられた。[60] 実際問題、一部の貧民街《ゲットー》も同じような役割を果たしている。

だからといって、すべての空間的な分離が悪いというわけではない。とりわけ、繁栄や身分の程度が同等である集団間の場合、たとえばイタリア系労働者の居住地域がヒスパニック系労働者の居住地と接している場合などには。民族どうしが近隣に住むことは、他の人たちと同じようになりたいという欲求が反映されている場合がある。この、自発的な分類は、狩猟採集民が社会のなかの複数のバンド間で行なっていたもっとささやかな分類へとたどれるような、個人的な選択から意図せずに生じた結果である。[61] こうした分類をするために接触が少なくなり、近隣にいる他の人々についての知識がなくなっても、孤立した少数集団間のやりとりがおおむね肯定的なものであるかぎり悪影響がほとんどないことが、現代の共同体についてのデータによって示されている。[62] ただし、その地域があまりに自己充足型であり、住民が自分たちとよく似た人たちとだけ時間を過ごすのであれば反動が生じうる。こうした場合、彼らがいまだによそ者であるという強い印象を与えるのであれば、彼らの孤立した状態が他の社会のメンバーの憤りの感情をかき立てる。[63] しかし、たとえそうした場合でも、民族の共同体は、新しく入ってきた者たちがカルチャーショックを回避しながらも、しばしば何世代もの期間をかけて同化していくための足がかりとして役立つことが可能だ。[64]

異なる民族や人種が完全に混ざり合うことによって統合が一歩先の段階に進むが、それに特有の危険もある。民族の分離を社会的にも地理的にも解体する作業は慎重に行なわなければならないということが、研究によって示唆されている。優位集団に属する人々は、すぐ隣に異端の家族がいることを受け入れなくてはならない。優位集団が自身のアイデンティティについてもつ自信や安心感が、都市の境界を越えてくる少数派集団の家族に向かって、あいつらが来た、と目くじらを立てる必要がないくらい大きくなくてはならない。[65] 少数派の人々にとって、ひとつの家族が民族の集まる地域を離れて全般的な共同体に入ることは社会的な地位の向上を表すが、危険がもたらされる場合もある。多数派になじもうと必死になりすぎる人は誰でも「境界人《マージナル・マン》」になり、「いずれの世界でも多かれ少なかれよそ者であるような二つの世界に住む人間」として見捨てられる危険があると、社会学者のロバート・パークがかつて鋭い指摘をした[66]。

民族や人種がどれほど空間的に分離されていても、どの程度の相互作用をしていても、国家社会が機能するためには、彼らは協力しなければならない。次からは、今日の国家にある移民と集団の関係に特に注目して、こうした相互作用についてもっと詳しく考察していく。

第25章　分離された状態

「疲れた人、貧しい人を私に与えたまえ／自由を求めて身を寄せ合う人たちを」。これは、自由の女神像の台座にある銘板に記されたエマ・ラザラスの詩の一節だ。しかし、彼らの背景やふるまいがさまざまに異なることを考慮すると、見慣れぬ海岸へ逃げ込もうとしている集団を定義するのにいつでもぴったりな言葉は、疲労や貧困、迫害からの逃走ではない。彼らは異邦人として受け入れられる。つまり、まったくのよそ者なのだ。

ブルックリンで私の近所に住んでいるさまざまな民族の人々は、今日の世界にあるコミュニティの大半に暮らしているような人々とまったくちがいはない。黒人は別として、彼ら自身や親や祖父母が奴隷にされたり征服されたりしたからここにやって来たわけではない。移民とは外国の地から相当な数の人々が流入するという意味だったが、今では、よそ者が社会に入ってきてメンバーになる主な手段となっている。後者の、穏やかな慣習としての移民と、人々がまとまりひとつの社会として機能することに移民がどのように寄与しているかが、本章のテーマである。

移民は、両者が互いを受け入れることを選択するという点で征服とは異なる。移民を受け入れる社会はときに、ラザラスの詩に謳われたように、移民たちが自分の意志でその地に留まることを期待し、移民が入ってくることを奨励しさえする。このように集団が丸ごと自発的に到来することは、初期の人間社会ではほとんど見られなかった。もちろん、移民を受け入れるといっても無差別にそうすることはめったにない。ふつうは一人ひとりが審査を受ける。それでも非常に特別だと感じられる点がある。受け入れる側の社会が、新入りが最初の時点から一般大衆のなかにどっぷり浸ることを許すところだ。やってきた人々の多くが民族の居住地域へ入っていく場合でも、急速に同化していくチャンスはある。しかし、それと同時に、受け入れ側の社会の人々が新入りに接して不快に感じることはしばしばあり、反動が起こる場合もある。こうした反応は、今日の多くの国において見られる移民にたいする懸念を反映したものだ。

いったい国家はどのようにして、このようなおおむね友好的な流入を受け入れるようになったのか？　狩猟採集民のバンドでは、生まれた社会で悲惨な目に遭って逃れてきた避難民をときおり受け入れる例はあった。移民とは根本的に、こうした類いのよりどころのない人を受け入れることであり、その数が何倍にも膨れ上がっていったのだ。歴史において移民の受け入れが段階的に進んでいったということをこれから示したい。最も古い形態では、こうした寄る辺のない人々は外国の社会から来たのではなく、国家の内部にいたメンバーだったのだろう。いずれにせよ集団が征服された後には、外国人であるかその土地に生まれた人であるかの身分があいまいな時期があったと思われる。こういうわけで、初期の国家はしばしば辺境の人々の移動を規制していた。辺境の人々が信頼されるに足るまで同化するまでは、生まれた土地から社会の領土内にある他の土地へ出て行くことが仮に許可されても、それは移民の初期の形態として扱われた。おそらく、今日見られるような外国の社会から群集が流入してくる現象は、ここから始まったのだろう。

移民によって社会にメンバーが加わるというプロセスには明確な敵意は伴わないが、移民は対等な人々が融合することと同じではない。根本的には、今もほとんど何も変わっていない。前章で説明した優位性や身分という問題は、移民にも当てはまるのだ。他者を征服するにあたり欠くことのできない内集団／外集団という心理もいまだに存在する。このことは、歴史を通じて身を寄せ合ってきた群集の大半は、まさしくラザラスの詩が示唆するような、虐げられた人種に属する虐げられた人々であったということを意味している。新入りはしばしば、物質的な富でも社会的な身分でも劣った状態でやってくるため、当面のあいだ彼らの状態は変わりそうにない。そのために、一九世紀にカリフォルニアへ船でやってきた中国人や、アフリカにやってきたインド人は安い労働力であり、賃金は支払われたが当時は嫌われていた。新入りが望めるのはせいぜい、偏見がかなり打ち砕かれた時点で到着することくらいだ。

移民が直面する障壁はたくさんある。新たな社会とそこで大切にされるシンボルへの情熱や、どのようにふるまうべきかという知識、市民との個人的なつながり、その国への感情などが確立するまでには時間がかかるため、移民の信頼性が深く疑われることになってしまう。[1] それに追い打ちをかけるように、うまくいかなかった過去の結婚をひきずっている離婚経験者のように、新たにやってきた移民はさらに、生まれた社会を捨てたと非難される。いくつかの点で移民の苦しい立場は、他の動物が社会間を移転するときに遭遇する困難を思い起こさせる。動物の場合でも、たいていは一度に一頭ずつ新たにやってくる者は、まずは試練を経てから運が良ければ受け入れられる。

また、新たにやってくる者は、見知らぬ土地にいる見知らぬ人である。あまりに交易が盛んであると自分の文化への脅威と感じてひるむことがあるように、移民は、自身の社会の掌握を侵食するものとみなされることがある。皮肉なことに、これは移民の国であるアメリカでも同じだ。トマス・ジェファーソンは当時、移民が大量に流入してくることで、「[アメリカの]方向性がゆがめられ、偏らされ、この国が、異質なものが混ざり合った統一性のない混乱した集団」になってしまうと嘆いていた。[2]

このように解釈すると、移民にたいして懐疑的な人々がしばしば外国人がやってくることを病気や嫌なことがらと結びつけて考えることが、幾層にも重なった意味を帯びてくる。外国人は、生物学的な病気だけでなく、私たちのアイデンティティを害するような文化的な病気を抱えているかもしれない。つまり、外国人のあいだに顕著に見られる不道徳なふるまいのことだ。[3]おそらく、このような移民排斥主義的な恐れが生じるのは、移民の行動を制限する方策がほとんどないからだろう。これと比べて、過去の被征服者たちは、同化によって社会的な不純物が取り除かれるまで、彼らの土地に実質的に隔離されることができた。しかしこれまでに見てきたように、こうした不安があるにもかかわらず、社会は移民の流入にたいして驚くほど回復力が高いようだ。移民の出身国との交易によってもたらされるものについても、移民してきた民族によってもたらされた慣習についても同じことが言える。中国やイタリアやフランスの料理が世界中で人気を集めているのを見ればわかる。それでも、ジェファーソンが予言したように、アメリカやその他の社会はばらばらに分解してはいない。このたくましさは、言語にもはっきりと表れている。他の言語から単語を取り入れながらも、そして長い期間にわたって接触を続けた後でさえ、言語間の境界線があいまいになることはない。集団間のコミュニケーションを促進するために複数の言語をつぎはぎして作ったピジン言語は別として（ピジンが話者の共通言語になれば正式なクレオール言語となる）、言語が複数の祖語の流れをくむことは決してない[4]（基盤となる言語が他言語と接触して変化したものをピジン言語といい、さらにそれが地域の集団の母語となったものをクレオール言語という）。

ジェファーソンをあれほど心配させた社会の異質性は、社会の成功のためになりうる。この傾向は、征服によって作られた国家でもそうだっただろうが、移民によっておおいに増幅されてきた。異質性のもつ力は、先に説明した最適弁別性という観点から理解することができる。個人や民族集団、社会が一様に、似ていながらもちがいがあるという中間地点へと引き寄せられる傾向だ。このモデルによれば、民族は、文化の喪失に抗いながらも共通の属性を探し求め、最終的には、全員が同等性ではなくとも類似点を見つけたときに最も容易に混ざり合う。人々の上位のアイデンティティがこのように変化した結果、民族と社会全体への忠誠や価値観を示すというバランスの取れたふるまいを見せるようになる。そうすると、かつてはよそ者とみなされていた人々にたいする多数派の否定的な反応が緩和され、社会が市民の生活の中心に据えられる。[5]

集団が、肯定的な何かに貢献し、うまく機能する全体のなかで必要不可欠なものであるとみなされるなら、社会的な利点はとりわけ大きなものになりうる。[6] たとえば、差別化された役割に入り込むことによって自身の民族への誇りを強化することができる。民族にとってこうした可能性は古くから開かれていた。たとえば、現在のトルコに含まれる古代ローマの属州ビチュニア出身の大理石職人は、帝国全域に名をはせていた。インカ帝国のルカナ人は皇帝の輿《こし》をかつぐ仕事を与えられていた。[7] 才能ある少数の者たちが、民族集団の全体的な認識のされかたに影響を及ぼしたなら、こうした区別によって心理的な優位性が与えられたかもしれない。民族のなかの多くの人々が、他にはほとんど従事する人のいない職業に移っていけば、軋轢が減る。反対に、優位集団が好む仕事を少数派の人が選ぶと、報復を受けることがある。こうした理由で、好ましい仕事についている人は、たまたま少数派の一員であれば、競争相手としていっそう否定的に評価されるのだ。[8] 職業の選択にたいするこうした敏感さは、競争がほとんどない時代、あるいは社会が労働力の注入を必要としているときには低下していく。好景気や戦時中には、よそ者が積極的に社会へと連れて来られる。もう一方の極端な例として、コマンチの狩猟採集民でさえ、戦闘力を補充するために戦争捕虜に兵士の地位を与えた。たとえば通常は寛容なローマ人も、飢饉が何年も続くと少数派が使い捨てにされることがある。たとえば通常は寛容なローマ人も、飢饉が何年も続くと外国人を嫌悪するようになり、いくつかの民族集団がローマから追放された。[9]

特段に好ましい技能をもっていない民族にも、前進する方法はあった。古い時代には奴隷や被征服者にたいしてそうであったように、移民には、その土地の人間が好まないような責任を引き受けることが根本的に期待される。それらは、特別な能力を必要としない卑しい仕事であったりした。あるいは、ひとつの集団が、鍛錬が必要ではあるが身分としては低いとされる仕事をするようになることもあっただろう。その一例が、一九世紀のアメリカで黒人が白人客を相手にする理髪師になったことだ。しかし、しっかりとした基盤のある専門的な技術を提供することで、上昇していくことはできた。理髪師の場合、たまたま代々理髪師だったイタリア人たちが人気を得るようになり、一九一〇年には、ほとんどの黒人理髪師に取って代わっていた。[10]

第18章で同盟について論じたが、社会間で交易が行なわれるパターンに、これと同種の専門化の先触れが認められた。狩猟採集民はブーメランや毛布を、今日のフランス人はワインやチーズに香水をというように、提供できる独特な何かをもっている人々は交易の相手として好まれる。[11] 才能ある人間を外部から連れてきて社会のメンバーにすることで、気まぐれな交易の交渉をしなくてすんだ。先述のように小さな社会では、よそ者と結婚をすることでうまくやれることもあった。特定の季節にピグミーを雇ったアフリカの村では、ピグミーが森からもってくる食料にも頼っていた。何人かの農民が、肉やはちみつを調達するのが上手なピグミーと結婚すると、外からやってくるピグミーに依存することが減った。[12]あるいは、技能をもった労働力を力づくで手に入れることもできた。太平洋岸北西部の部族が最も高く評価した捕虜は職工だった。また、奴隷たちが、金属細工や木工細工、彩色などの実際的で芸術的な技術をイスラムの国々にもたらした。[13]

しかし、適切な誘因があれば、こうした特別な才能をもった人々を連れてくるのに武力は必要ない。いつの時代も、移民のなかのごく一部には高い能力をもつ人物がいて、彼らが母国を後にすることは頭脳の流出を意味していた。[14]プラトンがアテネに開いた学校《アカデメイア》が西暦五二九年に閉鎖されたとき、学者たちは巻物を携えて現在のイランに位置したササン朝に渡った。[15]ユリウス・カエサルは医師と教師に市民権を授けた。これらは、今日の世界の一部においても人材が不足している職業だ。[16]しかし歴史的に見ると、能力の高いよそ者が最も頻繁に担っていた役割は商人だったかもしれない。紀元前一八世紀にバビロン第一王朝のハンムラビ王が制定した法典には、外国の商人が店を開く権利が認められていた。時の経過とともに、そうした商人の多くが帰化していったのだろう。[17]

しかし、引く手あまたな人でも、完全に平等に扱われることは難しい。「人種差別と移民排斥という問題が頭をもたげ、歓迎と寛容という美辞麗句と共存しているのが見て取れる」と、移民問題についての二人の権威が書いている。[18]だからといって、移民と受け入れ国との双方がともに繁栄できないというわけではない。実際、どれだけ虐げられていたとしても、生活が向上していくと期待できれば、どのようなひどい待遇も耐えられるものになる。技能をもった移民は、あまりにも貧しくて立ち行かないような社会からやってくる例が多いのだが、なり手のいない立派な職業に就くことができた。技能のない人間が、誰の領分も侵さずに卑しい仕事を始めるのと同じように。いずれの場合も新入りは、同じ民族の住民に頼って、仕事を始める手助けをしてもらうだろう。

もちろん社会は、市民として仲間に迎えるという責任を負わず、一時的に外国人を利用して仕事をしてもらうという選択肢も奨励する。仕事が終わるまで人材を輸入するのに事実上等しいやりかただ。メキシコとアメリカのあいだで農場労働者が季節ごとに行き来するのがこれに相当する。季節労働者が受け入れ国に留まることを許された場合でさえ、法的な権利を与えられることはないだろう。あるいは、長い時が経過してからようやくそうした権利を獲得するかもしれない。こうしたやりかたで、彼らがいっそう使い捨てのきく存在になる。[19]

これらすべてのことがらにおいて、民族の才能や欠点についてのステレオタイプ的な考えが、人々の共存にとって重要だったと思われる。同じような考えが社会階級の共存にとって鍵となっていたように。このような小さな差異に着目することで民族集団が共存しやすくなったが、そうはいっても、こういう民族だからこそ、ある特定のことがらに秀でているはずだと信じ込むことから弊害がもたらされることがある。そうした社会的な期待から逸脱する人は、虐げられたり軽蔑されたりする可能性があるからだ。[20]

人種

社会に同化しつつある人々は、自身についての認識における食いちがいが原因で生じる困難に直面する。自分自身のとらえかたと、他の人たちによる自分自身のとらえかたとのあいだのバランスを取らなくてはならない。移民はたいてい、これまでずっと重んじてきたアイデンティティが新しい国では無意味なものになると知る。したがって、たとえばモザンビークでツォンガの名誉ある一員として育った移民は、よくてもせいぜいモザンビーク人として、たいていはただの黒人として作り替えられる。こうした名称は、アフリカのほとんどの土地で社会的な意味をもたない。

こうした混交の過程から、人々にとって当初は重要であった集団から、人種という幅広い定義が出現してくる。アイデンティティがこうして簡素化されるのは、移民がもともともっていた忠誠心が、受け入れ国において深く理解されるには複雑すぎる傾向があることを意味している。それで移民は先述のように、民族としての分裂や解体を体験せざるをえない事態に陥る。[21] そういう過程を経て、ショショーニやモホーク、ホピ、クロウなどが「インディアンになり、全員が実際的には多かれ少なかれ同一になった。そのときまで、それ以前の何千年ものあいだは、ギリシア人とスウェーデン人くらいに、われわれは異なる存在であったのに」と、コマンチのポール・チャート・スミスは嘆いている。こうした転換は容易ではなかった。「実際のところ、われわれはインディアンとは何であるかまったく知らなかった。こうした知識はわれわれの原初の教えには含まれていなかった。前に進みながら答えを探さなければならなかった[22]」

人種のアイデンティティをこのようにおおまかに分類することから、ヨーロッパ人が狩猟採集民の多様性を理解できずに、ひとつの種類を表す名前としてブッシュマンを用いたことが思い起こされる。狩猟採集民は、自身をブッシュマンではなく、特定の社会のメンバーとみなしていたのに。同様に二〇世紀も昔、現代では中国となる地域において、優位にある漢は、南方に住む人々のことをまとめて越とよび、彼らの入れ墨や結わない髪をあまりに単純化して描写していた。彼らのあいだには、今となってはほとんど忘れ去られてしまったが、きっと幅広い多様性があったにちがいない。[23]

「黒人」のようにおおざっぱな分類をすることは、その昔、征服者がよそ者に見せた態度とそっくりだった。私たちの知るかぎり、チンパンジーはすべてのよそ者を同じ程度の悪意をもって非チンパンジー化するが、人間は相手を選んで非人間化する。こうした悪意を向けられた人は、たまたま分類された集団と自分自身とに関係があるとつねに認識しているとはかぎらない。古代の中国人やギリシア人、ローマ人は、最も脅威的な敵にたいしてはできるだけ情報を収集したが、それ以外のよそ者については、区別をつけようという関心もなかった。よそ者について何も知らないことは、じつは幸福なことである。軍が勝利を確信しているのなら、知ろうと努力する必要もないのではないか？「以前はその名前も正確には知らなかった国々を、今やわれわれが支配している」と、ローマの歴史家カッシウス・ディオが紀元前二世紀に記している。[24] 現在でも多くのアメリカ人とヨーロッパ人が、地球上で最も多様な人々が暮らすアフリカを、暗黒大陸、すなわち一枚岩的な社会であるとイメージしている。人間は、自分自身をよそ者と厳密に比べなくても、あるいはよそ者についてほんのわずかの知識さえなくても、世界のなかでの自身の位置づけや、自身の生きかたの正しさについて自信をもっていられるものなのだ。

社会の内部で起こることについて言えば、人々のアイデンティティの幅が広がることは少数派にとってまったくの損失であるとはかぎらない――一部には少数派がそれを推し進める場合もある。アイデンティティの変容には、さまざまな部族から逃れてきた者たちが生き延びるために集結し、連合社会が形成される途中で起こるようなことと、かなりの類似点がある。もともとのアイデンティティを捨てて、もっとおおまかな自己の定義を身に着けることによって、少数派は、社会的・政治的に生き残るために欠かせない幅広い支持基盤を獲得する。これは、少数派が優位集団と行動をともにすると決めた場合にも、優位集団に反抗すると決めた場合にも当てはまる。たとえばハイチで、奴隷たちがもともとのアフリカ部族への忠誠に強く執着していたとしたら、革命は成功しなかったかもしれない（部族どうしがかつては敵対していた場合がある）。また、当然ながら、拡大された集団が完全に均質化されるわけでもない。共同体が強い存在感をもつ場合には、個人のアイデンティティのいくつかの側面と、人種的なカテゴリーの下位集団である民族とのつながりが存在したままであることもある。たとえば、アジア系アメリカ人のなかに日系や韓国系のサブカルチャーがあるように。

さらに、今日の民族や人種の祖先とのつながりが薄かったとしても、それぞれの集団は新しい環境において独自の生活様式を作り出してきた。移民が以前にもっていたアイデンティティはがらりと変化し、その結果、他の移民との結びつきが生まれるとともに、祖国にいる仲間たちから分離される。数年前にイスラエルを訪れたとき、ベーグルがあまりないことに驚いた。多くのユダヤ人はベーグルを、イタリア人はピザを、中国人はチャプスイを、北米やヨーロッパに移住してから初めて知る場合もあるかもしれない。[25] 移民とその子孫は新たに作り替えられた民族であり、後戻りすることは困難であるか不可能だ。「中国へ行ったら、みんなが私を見て、私があまりにも中国人だから、アメリカに帰してくれなくなるんじゃないかと心配していた」と作家のエイミ・タンが私に言ったことがある。しかし、中国人たちの反応は逆だった。「歩きかたも、外見も、ふるまいも――あなたにはひとつも中国人らしいところがない」と言われたのだ。国家主義を意味する中国語（中華）は、タンの先祖がそうである中国人という人種を表す単語からきているのだが、正しく中国人であるということは、それほど単純なことではない。

このことから、混ざり合うことから優れた種類の人間が生まれるという、よく語られるアメリカの理想が思い起こされる。[26]「ここではあらゆる国から来た人々が融合し、新しい人種となっている」と、フランスに生まれニューヨークで農場を営んでいたJ・ヘクター・セント・ジョン・ドゥ・クレーブクールが一七八二年に著した随筆に記している。[27] しかし、エ・プルブリス・ウヌム（多数からひとつへという意味のラテン語でアメリカ合衆国を指す）というモットーに示唆されるような、ピューレの状態にまで到達することは決してない。「すべての人間は平等に作られている」という金言は確かに、平等主義者で民族的に均一性のある狩猟採集民のバンドのほうに、それ以降のどのような社会にたいしてよりも当てはまっていた。しかし、民族間の関係が良好な場合でさえ、国家のメンバーが完全に同等であることがないように、どのような国家も理想主義者の語るようなるつぼではない。これは一部には、人々がいかにして、国家に属することからもたらされる安全と社会的・経済的な利益を獲得するために、ある程度の自由と、ある程度の平等を手放すかを表している。その際、一部の民族は、他の民族よりも多くのものを放棄することになるのだが。

多くの社会学者は、あたかも民族が消化されて全体に取り込まれることができるかのように語る。そもそもこういうことが起こるにしても、それには相当の時間がかかる。古代の中国で、ほとんど一枚岩的な漢の多数派が形成された例がもっともわかりやすい。同じでありたいがちがってもいたいと願うために、黒人や白人というカテゴリーが、るつぼというからには溶けてなくなってしまうほど、完全な連合の域に到達することは絶対にない。

多数派の人々も同様に、アイデンティティの幅を広げて他の集団を吸収することができる。ただしそれは、新入りが彼らの生活様式にあるトレードマークのいくつかを失った後に限られる。イタリア系アメリカ人は、イタリア人らしさを少し失い、もっとアメリカ人らしくなることで、一世紀前に白人としての「基準を満たし」た。どうやら北米におけるこうした変容は、白人たちが強力な内集団を形成することを望んでいたという心理的な必要性の表れだったようだ。なぜかと言えば、イタリア人の身分が変化したのは、黒人のアメリカ人たちの数が急増し、白人とイタリア人とのちがいが以前よりあまり重要ではないと感じられるようになったのと同じ時期であったからだ。[28] 実際のところ、増加していく少数派を前にして、優位集団が、権力を保持するためにメンバー数を拡大せざるをえなくなるのかもしれない。この例では、ひとつの外集団（イタリア人）をもうひとつの外集団（黒人）と交換することでそうしたのだ。たとえば今日では、かつてはアメリカの多数派であり中枢的な民族であったイギリス人プロテスタントを祖先にもつ人は、アメリカ人の四人にひとりにすぎない。それでも、イタリア人をはじめ他の民族も白人のなかに徐々に受け入れることによって、コーカサス人がアメリカ人の多数派（約三分の二）を確実につねに占めるようにしている。[29]

社会が境界を外に広げてよそ者を受け入れながらも、内部にいる民族と人種は分離されたままだ。認識される差異は、集団のまさしく人間性にまで及ぶことがある。[30] こうしたことが変わることを期待できる理由はない。たとえば、異人種間の結婚がますます受け入れられるようになっていても。人間の過敏な目は、これから何世紀のあいだも、とりわけ、その集団が低い身分に苦しんでいる場合には、民族や人種のちがいを目ざとく見つけるだろう——その認識がたとえまちがっていても。だから、人種がはっきりとはわからない貧困者は、黒人としてみなされる傾向がある。ちょうど、アフロヘアをしたアフリカ人でない人が黒人とみなされるように。[31]

市民権

誰が社会に属しているかを判断することは、狩猟採集民にとってはふつう簡単だったが、この数世紀のあいだに移民が大量に流入すると難しくなってきた。アメリカでは人口のほとんどすべてがさまざまな国からの移民で構成されているために、この判断がいっそう困難になっている。この点までは、移民がひずみをもたらすのではないかと懸念したトマス・ジェファーソンは正しかった。社会が持続するには、共通の文化と集団としての属性をしっかりと保たなくてはならないからだ。ジェファーソンは、そのような中核となるアイデンティティを念頭に置いて、権利や宗教へのかかわり、労働倫理についてのアメリカの理想を策定した[32]。最初は市民のあいだで共有すべき歴史がほとんどなかったために、ひとつの国家という意識は必然的に、共通の物語や人々の民族的な起源ではなく、ほとんど一から作り上げられたシンボルを基盤に形成された。それ以来、国旗や国歌がアメリカ人の生活において重要な一部となっている。しっかりとしたシンボルのもとに結集することで、ジェファーソンの言う中枢的なアメリカのアイデンティティは、団結感や目的意識を生み出すことに役立った[33]。

それでも、アメリカは移民にたいしてただちに開放的になったわけではなかった。アメリカの独立宣言や憲法に署名した者たちは、実際にはそれほど多様ではなかった。オランダ系が二人いた他には、イギリス――イングランド、アイルランド、スコットランド、ウェールズ――出身が数名、残りは全員、アメリカ生まれのイギリス人の子孫だった。しかも市民権は当初、広く与えられてもいなかった。そもそも建国の父たちからもわかるように、市民権はおおむねヨーロッパ人に与えられた。ヨーロッパ大陸の北部と西部からの移民が奨励されていたのだ。当時としては、これでも開放的だった。

現代的な意味での市民権とは、帰属感だけでなく、基本的な権利や法的な身分、政治における役割までも含むメンバーとしての資格を指す[34]。アメリカの市民権として定義されるものが幅広い人々に適用されるようになるまでには時間がかかった[35]。女性に参政権が与えられたのは一九二〇年だったが、対象は白人女性に限定されていた。アメリカ先住民は一九二四年に市民になったが、投票できるかどうかは、なんと一九五六年まで州の判断に任されていた。中国系の人々は、アメリカで生まれた人でさえ、一九四三年まで市民権が与えられなかった。インド系は一九四六年に投票権が与えられたが、他のアジア系がその権利を得たのは一九五二年だった。アフリカ系の道程は困難だった。一八七〇年に批准された憲法修正第一五条によって黒人男性に投票権が与えられたが、一九六五年投票権法が制定されるまで、少数の州しか遵守していなかった。

市民権の現代的な定義に従えば、世界各国の法的な市民となる必要条件は、実際的に数個の条件にまで減ってきている。そのなかには、集団全員との一体感をもち、基本的な社会的道徳観を守るという最低限の要件がある。それにもかかわらず、受け入れ国についての移民の理解のほうが、その国で生まれた大半の人々の理解よりも優れている場合がある。その理由が、移民が帰化するには市民権テストに合格しなければならないというものだけであっても。[36] したがって移民は、その国に生まれた人たちよりもさらに注意深く、新たに自分の国となった国家のシンボルに親しもうとする傾向にある。その国に生まれた人たちは、愛着を感じる気持ちはあっても、シンボルのもつ意味を深く考えてこなかった場合が多い。[37]

しかし、人間のアイデンティティが複雑であるために、社会に受け入れられることはもちろん、溶け込むことも難しい。知識をもつことで、それが簡単になるわけではない。メンバーであるということは、人と人との相互作用のうちで最も密接なレベルにおいては、知的な問題ではなく、ありかたにかかわることなのだ。国民のアイデンティティの深部にあるものは、移民の法律に規定することができない。すなわち、歩きかたや「アメリカ人のような」（あるいはフランス人のような）話しかたなどの無数の細々とした点がそうだ。そのような微妙なニュアンスをもつアイデンティティのしるしは、人が容易に気づくようなものではなく、ましてや自転車の乗りかたをおぼえるように練習して上達していくようなものでもない。しばしば、移民してきた人々の子どもや孫だけが、そのような細かな点を正確に習得する。[38] そのようなしるしに同化することは可能であっても、それが義務づけられていないことから、基本的には、統合されるためには多様性を受け入れることが求められるのだ。[39]

同じ社会のメンバーが歩きかたや話しかた、笑いかたなどで互いを見分ける可能性が十分に高くても、少数派の人々は出身地を質問されるという事実から、メンバーとよそ者をほぼ確実に区別できた時代が終わったことがわかる。私たちはその仕事を、国の機関に委譲した。つまり、私たちの社会への関与が、政府についての国家主義的なレトリックによって強化されてはいなくても、減少してはいないのに、パスポートの所持と、誰が属しているのかという認識とがおおむね切り離されているのだ。市民権と、メンバーであるという心理的な評価が、つねにかみ合うとはかぎらない。

これは、はるか昔のローマ帝国において明らかだった。それも並外れて。ローマでは西暦二一二年に、事実上すべての外国人住民に法令によって市民権が付与された。ただし、主には、課税という実際的な目的のためになされたことだった。心理学者なら予測するだろうし、歴史的な証拠からもわかっているように、ローマ人の多数派がもつ偏見は強固なままだった。ローマは「人間のくずで一杯」などと詩人のルカヌスが不満をもらしていたように、民族を見下すような発言がたくさん残されている[40]。

誰が本当に属しているのかについての直観的な反応は、たとえば、周辺に追いやられた民族の誰かが罪を犯したときに、すぐにまちがった方向へ行ってしまうことがある。だから、二〇一六年にフロリダのナイトクラブでアフガニスタン人の両親をもつアメリカ人が四九人を射殺した恐ろしい事件が起こったとき、犯人が多数派の人物だった場合とは異なる、いっそう強い怒りが引き起こされた。その憤怒は、凶悪な行為の責任を分かち合うべきだと多くの人々がみなした集団全体にたいして向けられた。一方、一九九五年にオクラホマシティ爆破事件で一六八人を殺害したティモシー・マクヴェイのように、白人がそのような犯罪に手を染めても、異常者として受け止められ、事件の原因は個人的なものであるとされる[41]。

アメリカの建国やさまざまな国家の歴史において、軽んじられていた集団が別の集団に取って代わるということが無限に繰り返され、集団の信頼性や、さらには価値や市民権が、急激に変化する認識のなかで問われることになった。スケープゴートを渇望する気持ちから、人々は民族を悪意のある目でとらえるようになっていく。[42] 寛容さは急激に変化する。ふつうは景気の上昇や降下の後を追って。一九世紀の終わり頃には、イタリア人やアイルランド人は、ノルウェー人やドイツ人、イギリス人よりも劣るとみなされていた。同化ができず文化的に有害とみなされていた移民たちは、アイルランド出身の人々の堕落性を指すために使われていた「アイルランド風」というレッテルを貼られた。[43]

民族にたいする差別は、外国勢力との衝突中に顕在化することが多い。今まで敵国との関係があいまいだった人々でさえ、強烈な非人間化をされなくとも、反発に直面することはある。アメリカにとってのそのような絶対的な敵対者には、アメリカン・インディアン、イギリス、フランス、モロッコ、トリポリ、アルジェ、メキシコ、スペイン、日本、ドイツ、ソ連、キューバ、中国、北朝鮮、イラン、その他の中東諸国などさまざまあった。これら大半の場合において、こうした国々の血を引くアメリカ人は苦しんだ。第二次世界大戦中に日系アメリカ人が受けた中傷はとりわけ、今日からすれば理解に苦しむような例だった。

イスラム過激派による9・11の同時多発テロ発生後、ニューヨークに住む人たちに聞いたところ、イスラム教徒の店や、それとまちがわれやすい店には、アメリカ国旗が特に目立つように掲げられていたらしい。こうした店は、アメリカ市民としての立場が揺らいでいることを自覚していた。アイデンティティを明示するものを外にたいして見せることで、店主たちは、誤認されることの犠牲が高くつく――いわゆる内集団超排他効果――この時期に、誰からも敵と誤解されないように気を配っていたのだ。自身の社会から脅威を受けていると感じるときに、愛国心を表明しつつ民族的な起源を抑制する手法はよく取られるものである。

市民をごくあいまいにしか支配しない国もある。そうした市民には大切にすべき中核となる強いアイデンティティがないため、メンバーたちの主要なアイデンティティや原初的な絆がもともと存在していた「自然な」単位、すなわち一般的には狩猟採集民の祖先たちが作っていた小さな下位集団へとばらばらに分解する危険がある。世界の大部分が、国民たちとの強いつながりがほとんどない人為的な国家で構成されている理由は、そうした国々の境界線が第一次大戦後に、民族の均質性や団結ではなく、イギリスやフランス、アメリカの経済的な利益を反映して決定されたからというものだ。[44] そうした選択をしたために、これらの地域の人々は、国よりも民族集団のほうにいっそう強い結びつきを感じるという結果になっている。このことは、こうした集団が、明確なメンバー構成と昔からの縄張りへのつながりを保持していて、おそらくは他の部族に敵意をもっているような部族である場合にとりわけ当てはまる。政府よりも地元の人々にたいしていっそう強い意識が向けられる場合には、国として団結して行動することや、ましてや相互に結びついた世界のなかで機能する部分として行動することは難しい。このように地域的に断片化した民衆からなる国は、国家というよりも、経済的な利得を目的とした壊れやすい連合に近いとも言える。[45]

こうしたもろい同盟関係のような感覚は、あらゆる民族集団どうしのあいだにある程度まで存在する。ただし、優位に立つ集団のほうが、国のシンボルや権力、富を主に手中にしている場合に限られる。このような不平等から、社会が追い詰められたとき、統一感が減少していく。失うものがより多い多数派は非常に強くそれを感じるが、二級市民として扱われている民族はそれほどではない。[46]

社会における所有の感覚に多数派と少数派のあいだでこうして格差のあることが、国家のアキレス腱となる。すべての人間が法令によって平等と定められているコスモポリタンの国アメリカにおいてさえも、市民権の尊重と、市民における多様性の尊重とは別物だ。少数派のあいだでも相反する利益や偏見が存在しうるが、アファーマティブ・アクションなど多様性を促進する政策への支持は少数派のあいだでのほうが堅固だ。こうして多様性が強化されると、一枚岩の多数派との対立がもたらされる。[47]このような問題においては、少数派と多数派の双方が同じくらい利己的になりうる。

国家主義者《ナショナリスト》と愛国主義者《パトリオット》

旧石器時代の社会には民族がなかったばかりか、当時の人々は、アメリカのティーパーティー運動やウォール街を占拠せよデモなどの極端な政治グループの出現を見ることもなかっただろう。過去の一〇年間に起こったような激しい党派間の衝突がもしも狩猟採集民のあいだで生じていたなら、彼らの社会は二つに分裂していただろう。しかし、アメリカやその他の国家の内部で地域的な差異が蓄積されていっても、社会や政治についてのさまざまに異なる知識をもつ人々が混ざり合っているために、社会は容易には分裂しない。

今日、人々が表明する熱烈な信念の一部は、民族や人種にかかわるものだ。そこに問題がある。他の社会であれ社会内の民族であれ、他の集団よりも優位に立とうとする傾向が、社会の主要な役割が社会のメンバーを守ることか養うことのどちらであるかという考えかたに影響を及ぼす。[48]大半の動物の社会は明らかに、両方の機能を果たしている。保護という観点では敵意をもつ外部の要因――特に他の社会――に注目し、養うという観点は、社会のなかのメンバーたちの面倒をみることにまで拡大される。多数の喫緊の社会問題にたいする人々の見解を見れば、その人が愛国主義《パトリオティズム》と国家主義《ナショナリズム》のどちらに賛同しているかによって、社会の役割にたいする評価が分かれることがはっきりわかる。愛国主義と国家主義とは、大半の心理学者の使いかたによれば、人々が自身の社会とどのような一体感をもっているかを明確に表す思考習慣である。この二つはときにひとくくりにされるが、歴史上、非常に困難の大きな時代には、とりわけちがいが明確になり、互いに衝突もする。人によっても、ストレスのある時期には国家主義寄りの視点になったり、愛国主義寄りの視点になったりする。[49]それでも誰もが、生涯を通じて一定の範囲内の立場に留まる傾向がある。そうした見解は、親から引き継いだものと育てられかたの両方の影響を受けて確立されていく。[50]

国家主義と愛国主義には、次のような根本的なちがいがある。どちらの立場の人も自身の社会にたいして献身的だが、社会とのかかわりかたが異なる。[51]愛国主義者は、国民にたいする忠誠心と誇り、そしてアイデンティティ意識、それもとりわけ帰属感を表明する。このような感覚は、その国で生まれた人には自然に備わるが、移民も習得できる。愛国主義者の意識はおおむね自身の集団に向けられ、そのメンバーの必要性、すなわち食住などの提供を優先させる。国家主義者も類似の感覚をもっているが、アイデンティティを美化して表現する。彼らの自尊心は偏見と結びついている。愛国主義者はメンバーを大切にすることに精力を注ぐが、国家主義者は、他よりも優れた生活様式を維持して、社会を安全で健全な状態に保ち、自国民を世界の舞台において際立った位置に立たせることにこだわる。

興味深いのが、愛国主義者と国家主義者では、「自国民」の構成者について異なる考えかたをしているところだ。まさに、国家主義者が高く評価するアイデンティティのなかには、信頼される多数派を指すアイデンティティがある。彼らは、信頼される多数派という立ち位置を守っているのだ。[52]極端な国家主義者は、国家と支援者の結びつきを強化するために、そうしたアイデンティティの細部を熱心に擁護する。国家主義者の優先事項には、揺るぎない忠誠心を示すことや、議会の規則を受け入れること、信頼できるとみなす指導者に黙って従うこと、民族や人種間における確立された関係を維持することがある。[53]こうした価値はどれも、人々が定住し、他の社会を征服し始めたときに表面化してきたものだ。伝統を重んじる国家主義者は、何があっても自分の国を信じ、現状を大切にする。その現状はときに、変容の余地を認める民主主義的な理想とは食いちがう。彼らは性格的に、新しい体験や社会の変化をあまり受け入れない。[54]この善かれ悪しかれ自国が大切という態度と、愛国主義者の考えかたとを比べてみよう。愛国主義者も同様に自国を高く位置づけるが、その地位は、そのために戦うのではなく努力で獲得すべきだと考えており、改善の可能性があると認めている。

集団間の差異については、国家主義者は、外国から来た外国人と少数派の市民の両方をよそ者として扱い、誰が基本的には社会の本当のメンバーであるかについて狭い視野をもっている。[55]私の見るところでは、国家主義者にとって、別の民族に属する人は、その人が市民であってもそうでなくても、いっそう明確によそ者であると言えるだろう。

先に、アリはアイデンティティのしるしである集落《コロニー》のにおいに執着することから、極端な国家主義者であると述べた。人間の場合でも、愛国主義者が国家主義者と同じように、国旗や国家にたいして忠誠心を表して目に涙をためることもあるが、国家主義者はシンボル自体にたいして敏感すぎる。[56]国旗や偶像化されたリーダーをほんの一瞬目にするだけでも、強烈な反応が引き出されるのだ。そのような表象があると期待されるときにそれがないときにも、同じような反応を見せる。だから、二〇一二年のオリンピックでアメリカ合衆国国歌が演奏されたときに体操選手のギャビー・ダグラスが左胸に手を置かなかったことをめぐって騒動が起きたのだ。国家主義者は、この行為によって事実上、ダグラス選手は、金メダルをアメリカではなく個人の功績にしたと受け止めた。こうした反応には、試合で戦うのは選手ではなく国であるという感覚が表れていた。

国家主義者の考えかたも愛国主義者の考えかたも論理的には筋が通っている。国家主義者のほうがリスクを回避し、自身の生きかたを汚すかもしれないものにたいしていっそう用心深い。国家主義者は分離主義に傾きすぎであり、自身と利害が異なるような人々を遠ざける境界線を打ち立てる。一方、愛国主義者は、よそ者との通商や協力の機会にたいしてもっと好意的だ。[57]

要するに、国家主義者は多様性にたいして懐疑的で、愛国主義者は多様性を快く受け入れることが多い。[58]あるいは少なくとも、多様性を黙認する。愛国主義者でさえ偏見から自由ではないからだ。平等主義的な愛国主義者でも、自分と同じ人種や民族のメンバーたちには情熱を向け、無意識のうちに自分と似た人々のほうをより公平に扱うことから、ささいな差別へと発展する。[59]

人間という種において、なぜ愛国主義的な態度と国家主義的な態度が発達したのか？　このように多様な見解が存在するのはおそらく、ある研究チームの言葉によれば「永遠の社会的関心事」にまでさかのぼるのだろう。[60]それぞれの見解が特定の文脈においては有益であることから、人間社会における社会的な帰属化に二つの形態があることは、メンバーを守り養うという必要性のバランスを取ることを目的とした順応なのかもしれない。見解が異なる個人どうしは仲良くできないかもしれないが、どちらかの側の人間が少なすぎたり多すぎたりする社会は、悲惨な結末を迎える可能性がある。行動の多様性をこうして奨励することに似た例が、そうとは見えないような動物の種に認められる。そのひとつが社会性のクモである。危険からは退却するが巣の手入れは念入りに行なう内気な個体と、コロニーにある食料を盗む寄生生物からの防衛にいっそうの努力を注ぐ大胆な個体の両方がコロニーに存在する場合に、社会性のクモは最も大きな成功を収める。[61]

人間の場合、国家主義か愛国主義のいずれかに極端に偏った集団が危険であることは明らかだ。国家主義者は、開放的であるがゆえに境界線を脆弱にして複数の民族と交わるような愛国主義者は、社会の依存度を高め、自身の社会システムを弱体化しているとみなす。こうした恐れには、さまざまな種に見られる集団がもつ競争的な性質が表れている。一方で、自身のやりかたが正しいと思い込み、何があっても自身を擁護する国家主義者が社会のなかで優勢になると、国家主義者の恐れる危険がまさに現実化することになる。さらには、極端な国家主義者が圧政や侵略を容易に支持することから、歴史家のヘンリー・アダムズが政治とは憎悪の体系的な機構であると述べたことが思い起こされる。彼らの思考は、人間心理の特定の側面に頼って増長する。[62] 敵にたいして強硬な姿勢に出るのは気分が良い。ときに、やっかいなことが起きそうな場面では。国家主義的な思考に染まっている人たちが強くもつ集団的な感情と共通の目的意識が、人生にいっそう大きな意味を付与する。国家が紛争に巻込まれると、一般市民のあいだでは士気だけでなく精神的な健康も向上する。[63] 現実でも、好戦的な社会は長らく優位に立っている。戦争をしたいという衝動と、攻撃されることへの恐怖が、社会や技術における多くの革新と、国家の拡大を促進するにあたって重要であるからだ。[64] さらに、どういう行動が適切であるかについての解釈が狭い範囲に限られている国家主義者には、愛国主義者よりも、はるかに結束が固く均質的であるという利点がある。[65] これらすべてのことから、愛国主義者の立場は、現在も、そして未来もつねに、いっそうやっかいな位置づけにあると言える。

愛国主義者と国家主義者ではやりかたが異なるが、多数派がひいきされることから、私たちの社会が直面する問題はとても根深い。じつに残念ではあるが、ひとりの少数派の人間が引き起こしたトラウマ――たとえばフロリダのナイトクラブでの襲撃事件――は、少数派の集団全体にたいする憤怒を引き起こしうる。そのうえ誤った扱いが、悲劇と関係のない民族にまで及ぶことがある。[66] そうなるのは、ステレオタイプによって細部への理解がはぎ取られ、複数の集団が融合されて、「茶色い人々」などというあいまいなカテゴリーを作るところまで容易に到達してしまうからだ。[67] 融合が起きない場合でさえ、偏見と偏見がつながることもある。ひとりの人間の評価が汚されると、他の人たちの価値が減じることになるのだ。[68] 自身の安全や仕事や生活について心配する人は、彼らを見境なく一緒くたにする。ちょうど、古代の社会において境界線の外側の人々を「野蛮人」とひとからげにしていたように。この衝動はとても強く、アメリカ人の被験者がウィジアンについてどう思うかと質問されると、四〇パーセント近くが彼らについて悪い印象をもち、近くに住んでほしくないと答えた。この名称は研究者がでっちあげたものだったので、ウィジアンについて誰も何も知らないはずだったのに。[69]

社会のなかでは、民族や人種が互いに偏見をもちながら、なんとか一緒にいようとする。一世紀以上も前にウィリアム・サムナーが語ったように、よそ者とのあいだに緊張感があることで社会が一体化すると一般的に考えられている。明らかに、これはつねに真実とはかぎらない。市民の平和を後押しするような外的な力が加わると、主として優位にある人々は活気づくが、社会のなかの他の集団との結びつきは弱まることが多い。メンバー間での緊張から、一種の社会的な自己免疫疾患が引き起こされ、社会の内部で攻撃が発生する。これらの艱難《かんなん》とひきかえに、社会はそもそも必要なのかどうかと、もう一度問いかけてみよう。

第26章　社会は必要か？

私たちは社会を捨てることができるのか？　あるいは少なくとも、もっと普遍的な何かをその上位に置くことができるのか？

まるで寓話のような歴史の一片を紹介しよう。何世紀ものあいだ、太平洋に浮かぶ標高の低い火山島、面積四六平方キロメートルのフトゥナ島では、たった二つの首長制社会、シガベとアロだけが空間と資源を使っていた。この二つの社会は島の両端をそれぞれ領土とし、ほとんどつねに紛争状態にあった。ときおり短期間だけ休戦し、西太平洋原産の低木から作られる向精神作用をもつ酒を飲む儀式を島の全土で執り行なった。[1]槍を投げて戦うことが彼らの生活における主なモチベーションだったことは想像に難くない。アラブ・イスラエル間の対立の規模を小さくしたようなものだ。このような狭い領土で、さらにはこれほど長い期間のあいだなら、一方の首長制社会がもう一方を征服するものだと思われるかもしれない。実際には一度もそうはならなかったという事実は、人間が完全な敵でなくとも外集団を必要としていることと関係しているのかもしれない。アロは、シガベがなくとも存続できただろうか？　真空状態にある社会として。世界のなかにたったひとつだけ存在する社会でも、社会とよべるものなのか？

「怠け者よ、蟻のところに行って見よ。その道を見て、知恵を得よ」と、自然の熱心な観察者であるソロモン王は助言した（箴言6章6節、新共同訳）。確かに、南カリフォルニアの支配権を争って戦っているアルゼンチンアリを見ると、ひとつの社会が残りすべての社会を絶滅させたなら何が起こるだろうかという問いにたいする第二の仮説が頭に浮かぶ。アリにとって、最後に残ったコロニーの国旗（におい）はもはやしるしではなくなり、アルゼンチンアリであるということと同義になるだろう。これによりアルゼンチンアリは、広くあまねく平和を達成するだろう。専門家たちがスーパーコロニー間の境界線上での戦いを発見する以前に、すでに達成されていたと考えていたような平和な状態を。

ひとつ教訓がある。アリのやりかたについて考察することで、道路や衛生設備に投資することの価値など、いくつかのことがらを学ぶことはあっても、アリをまねることは勧められないだろうというものだ。アリの平和は、大量虐殺の比類ない技量のうえに成り立っていたのだろう。数だけでいえば、人間の歴史における悪夢のような出来事のほとんどを上回るような。

しかし、この場合では二つめの教訓がある。それは、ある集団を社会とよぶこと――そしてその社会のメンバーを識別するためのしるしを認識すること――は、二つ以上の社会が存在する場合にのみ意味をなすということだ。どうやら、社会の一部であるべきだという強迫観念に匹敵するのは、外集団を特定しなければならないという命題にちがいない。アロにとってはシガベ、もしくはその反対、あるいはローマ帝国や中国の王朝にとっては野蛮人であり漠然とした「他者」とみなされるような外集団を。名誉を傷つけるのではなく、比較の基準やゴシップのネタにするための対象として。この意味では、フトゥナ島の首長制社会は、私たちの基準からすれば単純で互いに似ているかもしれないが、むき出しの人間のありかたを実際に示しているのだ。

いや、本当にそうなのか？　「彼らなくしての私たち（*Us Without Them*）」と名づけた研究において、心理学者のローウェル・ガートナーらが、人々が互いを必要とするとき、自分たちをよそ者と対比させなくても共同のアイデンティティを構築することができるということを発見した。[2] このように相互に依存した人々は、自分たちがひとつの単位として機能しているという感覚をもつことがある。こうした感覚から友好や絆が生まれることがある。船の乗組員たちが嵐のなかで力を合わせて奮闘しているときに期待されるようなものだ。しかし、メンバーが相互に依存していても、高いレベルの協力があっても、そのような集団を社会とよぶのはこじつけだろう。ひとつに、乗組員たちはすでに社会に属していると思われるからだ。その社会とは彼らの出身国である。

さらに一歩進んで考えよう。たとえば船が難破して、外の世界との連絡がすべて絶たれたとしてみる。当然ながら、乗組員たちが以前もっていたアイデンティティが一夜にして消滅することはないだろう。一七八九年のバウンティ号反乱事件から二五年後、乗組員たちがピトケアン諸島へ逃亡していたことが明らかにされた。アメリカの船によって一八年後に再発見されたとき、反乱者たちと、彼らと行動をともにしたポリネシア人やタヒチ人たちは、まだなおイギリス人、ポリネシア人、タヒチ人と見てわかった。だが、彼らが発見されないままに生活していたと想像してみよう。時の経過のなかで、彼らや彼らの子孫は自分自身の見かたを作り替えて、ひとつの孤立した社会とみなされるようなものになっていっただろうか？[3]

他の世界から永遠に完全に切り離されたひとつの集団という事例は簡単には見つからない。アイスランドや北米に到達したバイキングのなかには、ヨーロッパとのつながりを断ち切って生き延びた人たちもいたかもしれない。それでも、他の土地にいるバイキングたちと難なくつながりを取り戻せるくらいに、彼らのトレードマークであるバイキングの生活様式を守り抜いた。しかし、新たな土地に定住していいてもその期間はせいぜい数十年であり、自身の源流が生きている人々の記憶から消えることは決してなかった。[4] 先史時代の人々は遠い島に到達したが、大半の場所では、他の島にいる部族との接触があったか、二つ以上の社会へと分離する余地があった。フトゥナ島には二つの社会が、イースター島には岩で作った巨大な頭部を建てる習慣をもった敵対関係にある複数の部族がいた。また、オーストラリアには数百ものアボリジニの社会があった。これらはすべて、アジアを経由してオーストラリア大陸にやってきたひとつの集団から派生した社会であり、植民地時代以前に繁栄していた。

歴史のなかで唯一の社会ととらえうる事例が、ヘンダーソン島に認められる。面積三七平方キロメートルのこのポリネシアの島は土地と資源があまりに少なすぎて、数十人の住民たちがアロとシガベのように二つの社会に分かれることとさえできなかったと考えられている。ヘンダーソン島の住民たちにはボートを作れるだけの木もなく、一六世紀には、それぞれ一九〇キロメートルと六九〇キロメートル離れているピトケアン島とマンガレバ島の交易相手とのつながりも失った。一六〇六年にスペイン人探検家がこの島を発見するまでに、住民たちは死に絶えていた。この少数の人々が自身をどのようにとらえていたか、たとえば、それでもなお部族とみなして名前をつけていたかどうかは誰にもわからない。[5] 私としては次のように推測している。血族結婚から生まれ、未来への望みをもたない少数の島民は、世代から世代へと受け継がれてきたあちらにいる他の人たちについてのかすかな記憶にしがみつき、アイデンティティのかけらを保持していたので、心のなかから私たちと彼らという区別の感覚が消え去ることはなかったのではないだろうか。

よそ者の存在は、何世代も経るにつれて伝説や神話からさえもかすれていき、ヘンダーソン島の住民たちは世界のなかで自分たちはまったく孤立しているとみなすようになったにちがいない。もしもヘンダーソン島の住民が長く存続していたとしたら、帰属する必要性を、一体感や私たちという感覚への切望をなおも表明しただろうか？　あるいは、共通のアイデンティティにたいしてかつてもっていたつながりは消えてしまっただろうか？　たとえそうした場合でも、ヘンダーソン島で見られるものは友人や家族をもつ個人であって社会ではないだろう。これが、人類学者のアーニャ・ピーターソン・ロイスの見解であるようだ。「他者について何も知らない集団が島にいたと仮定するなら、その集団は民族集団ではない。民族のアイデンティティをもたず、民族を基本とした戦略ももたない」[6]

私たちが憧れの人の癖をすぐにまねようとすることから明らかであるように、人間は共通点を探したいと強く願うものだと主張して、ロイスに反論することもできるだろう。流行の仕掛け人は多くの人気の慣習を生み出すが、嫌われている人たちの習慣は避けられるだろう。[7]指導者や尊敬される人を模倣することから、一種のアイデンティティに相当するような慣習が生まれるだろう。長く孤立していたヘンダーソン島の住民にとっても同じことだ。島民の生活はタスマニア効果によって最小限にまで簡素化されたかもしれない。タスマニア効果とは、先述したように、人数の少ない集団で暮らす人々が、文化のいろいろな側面を忘れていくことである。しかし、おそらくは、一緒に成長し、互いから学ぶことからだけでも、多くの共通点がなおも存在するだろう。それでも、他者のいない状態では、彼らの類似性は重要でなくなり、彼らをひとつの社会とみなすことは（さらには民族集団とみなすことも）難しいというロイスの理解が正しかったことになる。

彼らのあいだの類似点は、共通の特徴が社会のしるしとして働いているときのようには、もはや重要ではなくなるかもしれない。しかしおそらく、人々が互いを簡単に知っているだけで、社会となるには十分なのだろう。では、個々を認識する社会をもち、したがってしるしをもたないチンパンジーのような種は、よそ者が存在するしないにかかわらず、自分たちを集団とみなすのか？　それとも「他者」がいなければ彼らの社会は崩壊するのか？　フィールド生物学者のクレイグ・パッカーが、孤立したライオンの群れはそのように崩壊する定めにあると教えてくれた。群れのメンバーは分散して、さらに小さな集団になるらしい。社会の主要な機能が競争相手に勝つことであるなら、これはさほど驚くことではない。この命題は、他者がまったくいない場合には存在しない。しかし、ライオンの運命は、人間にたいする信頼できる指標ではないかもしれない。ライオンは単独で狩りができるので、人間よりも個々だけでうまくやっていける。人間は、安全に暮らし養ってもらうためだけではなく、さみしさを紛らわし人生に意味を与えてくれるような配偶者を必要とするが、それだけでは不十分だ。これが、人間の社会が完全に崩壊することがめったになく、その代わりに、より小さな社会に分裂し、その内部で、規模は簡素化されてはいるが支援のネットワークをもち続けることになる理由のひとつである。衰退していく社会から逃れることは、社会を完全に手放すことと同じではない。

　この点にもとづけば、孤立した人間の集団はライオンよりもさらに団結すると予測できる。チンパンジーについても確かにこれが当てはまる。孤立した群れは結束した状態を保つ。いろいろな土地にいるチンパンジーの群れがそうであるように。あるいは、ウガンダのキャンブラ渓谷にたったひとつだけあるチンパンジーの集団についての研究からわかるように[8]。

　だが、そのような状態は変わりやすい。敵を全員殺戮したアルゼンチンアリのスーパーコロニーにとっても、すべての他者を忘れてしまった島に住む部族にとっても、ふたたびよそ者に出会った瞬間に、社会としてのアイデンティティがすぐに重要性を帯びるようになるだろう。島民たちはすぐさま、区別をつけるための社会的な特徴を、どんなにささいなものであっても強調するようになり、自分たちと新入りとのあいだの境界線を強化するだろう（ただし、侵入者が最初から境界線を越えてきて、小さな集団を殺戮したり同化させたりしなければの話だが）[9]。そして、先述のように、たとえ外から誰もやってこなくても、たとえば非常に攻撃的なひとつの社会が全世界を征服したとしても、その軍事的な成果は長くはもたないだろう。必要とされるよそ者は内部から生まれ、団結はばらばらに壊れるだろう。あらゆる国家が、そしてそれ以前にあったあらゆる社会がそうであったように。[10]

社会が存在する必要があるかという問いは、まさしく、人々が一緒に集まっていなくてはならないかどうかという問いに行き着く。私は、その必要があると考えている。「人間には、ひとつの鼻と二つの耳がなくてはならないように、国籍がなくてはならない」と、国家主義についての著名な思想家アーネスト・ゲルナーは書いた。ゲルナーはさらに、人が国家の一部でなくてはならないという必要性は実際のところ近代において考案されたものにすぎないと論じているため、自身の主張の根拠を突き止めていたわけではなかったのだが。[11] 人間の心は、自身が作り出した私たちと彼らとが対立する世界のなかで発達してきた。そしてその世界から出現した社会はつねに、その他のいかなる社会的な結びつき以上に、人々に意義や妥当性を授ける基準点となっている。このようなアイデンティティがなければ、人は、疎外され、根なし草となり漂流しているような感覚に陥る。これは心理学的に危険な状態だ。その適例が、母国とのつながりを失い、受け入れ国から冷たく拒絶された民族の人々が感じる寄る辺なさである。[12] 疎外されることは、宗教における狂信や原理主義よりも強い動機となる。多くのテロリストが、最初から宗教の信者であったのではなく、文化の主流から排除されてから信仰にすがるようになったことの背景にはこれがある。社会的なよりどころをもたない人にとって、信仰が隙間を埋めてくれる。[13] カルト集団やギャングも同じである。社会ののけ者にプライドや帰属感と、さらには共通の目標や目的を授けることによって、社会を持続させるような属性のいくつかを勝手に奪い取っているのだ。

普遍的な社会と、人間であるということ

したがって、人間の認知についてわかっていることは、人間愛がいつの日か世界全体を覆い、人々が境界線のないひとつの集団となり、誰ひとりとしてよそ者ではなくなるという未来を思い描く人たちにとって、幸先の良くないものだ。たとえ社会が決して崩壊しなくても、もしかすると社会を全体像から実質的に消し去ってしまうような別のシナリオが進展するかもしれない。社会が境界線を大幅に減らしていき、社会自体よりも人々にとっていっそう意義があるコスモポリタンな共同体が生まれると想像することも可能だろう。

文化（マクドナルドやメルセデスベンツ、スター・ウォーズなど）や、つながり（フェイスブックでエストニアのアーからアフガニスタンのズーまでつながる）の国際化が、ベルリンの壁の解体に見られるような国境線の崩壊の前触れだと主張する声がある。これはまちがいだ。世界中の人々がケンタッキーフライドチキンをほおばり、スターバックスのコーヒーやコカコーラを飲み、ハリウッドの大ヒット映画を観て、寿司やフラメンコ、フランス製の高級婦人服、ペルシャ絨毯、イタリア車を楽しんでいる。コスモポリタンのトレンドを取り入れたり、さらにはそれに飲み込まれることもあるかもしれない。しかし、人々はそれでもなお、自身の国家に情熱を傾けている。[14] 結局のところ、社会は太古から、欲しいものを外の世界から奪ってきて自身のものであると主張してきた。そして、そうすることによっていっそう強固になってきた。アメリカ合衆国の真髄を表したシンボル、自由の女神像でさえ、パリにエッフェル塔を建設したエッフェルによって設計され、フランスの地に建てられたものだった。

このように厳格に境界線を保持しながらも、人間は、あらゆる国家で構成される包括的な組織を設立することもできた。しかし、そのような包括的な集団もまた、全人類の統一を生み出すことはできないだろう。人類学的な記録において最も結束力の高い連合体からはっきりとわかるように。アマゾン北西部にはトゥカノアンという総称で知られる二〇余りの部族、あるいは言語集団が住んでいる。それぞれの集団には独自の言語もしくは方言があり、そのなかには類似したものもあれば、相互に理解不能なものもある。部族どうしは密接につながっていて、経済的な結びつきもある。それぞれが専門に扱う品物があり、他の部族と交換している。部族どうしの関係は、めずらしい種類の強制的な交易関係とも言える。部族内で結婚することは不適切である。「われわれと同じ言語を話す人間は兄弟であり、われわれは姉妹とは結婚しない」と部族の人たちは言う。[15] したがって男は別の部族の女と結婚し、女はその部族の言葉をおぼえる。こういう取り決めは常軌を逸していると思われるかもしれないが、ニューギニアでも同じような境界線をまたいだ配偶者のやりとりが記録されている。

こうした取り決めは、ごく小さな社会における近親交配を減らすためのものだと説明される。このような例は人間以外の動物においても多数認められる。たとえばチンパンジーの場合、雌が同じように別の群れに移り、血縁者とつがいになることを避ける。トゥカノアンでは過去にときおりそうであったように、集団内の人数が非常に少ない場合には、結婚相手の選択肢が実質的に兄弟姉妹しかないこともあるだろう。そうした近親相姦的な行為にたいして、私たち人間は生まれつき嫌悪感をもっている。これは、今日の国々よりも、トゥカノアンにとってははるかに起こりやすい問題だった。こうした心理的な嫌悪があるせいで、トゥカノアンが社会をひとつの単位として維持するために払っていると思われる努力の影が薄れているようだ。[16] 配偶者を部族間で交換することが必須であるために、これまでに記録されているなかで最も緊密な同盟関係と解釈できるようなものが打ち立てられ、現在のところ、およそ三万人の規模に到達している。しかし、そうであっても、トゥカノアンの部族は明確に分かれたままであり、それぞれの部族は特定の地域に居住している。

トゥカノアンのようなめずらしい状況はさておき、人々の社会への帰属に同盟が取って代わることができないということは、国連や欧州連合（ＥＵ）などについて広く言えることである。このような政府間組織は、メンバーに本物と思わせるような要素を欠いているために、人々が心から関与することにならない。ＥＵは、これまでに考案されたなかで最も野心的な経済的統合を目的とした試みかもしれない。しかし、そのなかにある国家に取って代わることは決してないだろう。メンバーたちは、自身の国について感じるようには、ＥＵを忠誠心を抱く価値のある存在とみなしていない。それにはいくつかの理由がある。まず、ＥＵの境界線は固定されていない。つまり、国家が加入したり離脱したりするたびに改変される。さらに、加盟国間には中世までさかのぼる対立の歴史があり、東西の共産主義的文化と資本主義的文化のあいだにすでに溝が存在する。何よりも、ＥＵには創設にまつわる壮大な物語や神聖なシンボルや伝統がなく、国家のためにそうするように、ヨーロッパのために戦って死んでもいいという感覚を誰もほとんどもっていない。そのためＥＵは、イロコイ同盟によく似てはいるが、力はそれよりも弱い政治的な連合体となっている。それぞれの加盟国は、各国市民のアイデンティティにかかわる問題を処理し、市民が自尊心を抱く対象であり続けている。そうした見かたをされているために、ＥＵは副次的で使い捨て可能な存在となっている。二〇一六年に実施されたイギリスのＥＵ離脱《ブレグジット》投票の分析を見ると、自分はイギリス人であるという非常に強いアイデンティティをもつ人がＥＵ残留に反対していたことがわかる。離脱への賛成票を投じた人々は、彼らの有利になるようにと政府が整備する経済措置や平和維持方策を、彼らのアイデンティティにたいする脅威と受け止めたのだ。それらが深刻な脅威になることは決してないにもかかわらず[17]。

　経済問題や安全保障問題によってＥＵは一体に保たれている。同じことが、そのありかたが恒常的に問われているスイスについても言える。なぜなら、四つの言語と国民たちの複雑な領土意識から明らかなように、国家としての身分は、地域的な共同体、すなわち州《カントン》間の社会的・政治的な提携にかかっているからだ。これらの自治体は、多くの点において、山岳地域に位置することでそれぞれの自治権が強化されるミニチュア国家として機能している。「各州には独自の歴史と憲法、国旗があり、一部には国歌をもつ州もある」。そのためにスイスの「市民権とは投票できる権利だけを指し、それ以上の何物でもない」と政治学者のアントワーヌ・ショレは述べている。[18] スイス連邦は、州のあいだでの平等意識を維持するために歴史の記述を書き直すことを求めた。この努力は、各州が、国土がはるかに大きく国力も勝る近隣諸国を相手に利益を守るための交渉を強いられた数世紀において、困難ではあったが取るべき一歩であった。

　ＥＵとスイスは、よそ者がもたらす危険に対抗する必要があるという認識をもとに支えられている地域的な組織であり、両者には成功するチャンスが十分にある。大陸をまたぐほど大規模な連合体にはそのような動機はなく、安定性がはるかに低くなる。世界の結束を実現するために取りうるひとつの手段は、誰がよそ者であるかという人々の認識を変えることかもしれない。これは、ロナルド・レーガンがよく指摘していたことだ。「もしも、この世界の外側から宇宙人が脅威を加えてきたら、全世界における人々のあいだのちがいが速やかに消え去るだろうとときおり考える」と国連の演説で発言した。[19]『宇宙戦争』（H・G・ウェルズ著）のような有名なSF作品には、人類が一致団結して共通の敵と戦う光景が描かれている。しかし、ヨーロッパ人がオーストラリアにやってきてもアボリジニが自身の部族のことを忘れなかったように、宇宙人が地球に降り立っても国家は無意味なものにはならないだろう。宇宙人に遭遇したら、重要だと思ってきた社会にあるちがいが、それと比べたらたいしたものと感じなくなるとしても。経済的な利益のためであれ、共通の敵から自衛するためであれ、社会が互いを頼るようになっても、人々がそれぞれのちがいに置いている重みが減少するわけではない。コスモポリタン的な共同体に最も強い結びつきを感じるという概念は、夢物語にすぎないのだ。

最後の質問を提示しよう。人々が自分自身を変えることができたなら何が起こるだろうか？　しるしを使うのをやめるか、互いに標識を貼ってカテゴリー分けをしようとする衝動がなくなったなら？　そのような世の中で人々が感じるちがいは、集団間ではなく個人間のちがいだけになるだろう。そのような状況下で国家は完全に崩壊すると想定されるが、その代わりに何が生まれるかを予測するのは難しい。もしも社会が精神衛生上に必要不可欠なものなら、何らかのかたちで存続するだろう。もしかすると、近隣の地域か、最もよく知っている人たちと結びついて提携し、世界の人々が数百万ものごく小さな国家に分裂するかもしれない。その後、祖先の時代にあったような、個々を認識する社会へと回帰していくかもしれない。

それとも、ちがいを捨てることによって、あるいはちがいについて評価を下す傾向を捨てることによって、それとは正反対の地点、すなわち社会を完全に廃止するところまでいくのだろうか？　国際的な移動とフェイスブックの友だちから構築されたハチの巣状のネットワークによって私たちは無差別に連結されて、なかなか達成できないでいる世界の統一を現実にするのだろうか？　最初は良いことのように聞こえても、まちがいなく、人々が大切にしているものの多くが失われることになる。[20] 国家主義者も愛国主義者も、メンバーであることを大事に思い、みずからそれを手放そうとはしない。しるしは諸刃の剣であり、社会の規範とは異なる者を軽視する要因となりながらも、まったく見知らぬ人であっても期待に応える者との団結を可能にもする。人間の用いるしるしを単に捨て去ることは、時代を超えた心理的な必要性と相反するだろう。催眠術士に集団催眠をかけられて古くからあるちがいを忘れたら、私たちはきっとすぐさま新しいちがいを見つけ出し、それを大切にする。こうした人間の属性を作り替える唯一の方法は、神経系についてほとんど奇跡的なほどに造詣が深い外科医が脳の一部を切除することしかない。このようなSF的な処置の結果、私たちから見て同じ人間とは思えないような人間ができあがるだろう。そのような人間が今日の私たちよりも幸福かどうかについて、どのように評価できるかはわからない。ただし確実に、彼らはもはや私たちではないだろう。

ヘンダーソン島で最後まで生き残った住民は、肉体的にも社会的にも飢えていたにちがいない。人生の意味、世界における立場にたいする関心を失っていたのではないかと私には思われる。きっと、人生のどの局面にも、社会に匹敵するほどに人が激しい情熱を傾けるようなものはほとんどない。自分自身の属する社会と対照をなし、ときには対立するような他の社会が存在するかぎりは。

私たちが自分の遺伝子を操作せず、人間であり続けることを選択するなら、社会と、私たちを結びつけたり分離したりするしるしはこのまま存在し続けて、世界の全域において、人々を隔てる心のなかの境界線となったり、人々を物理的に分離させたりするのだ。

結び　アイデンティティの変化と社会の崩壊

祖国が決してこれ以上大きくも小さくもなく、裕福でも貧困でもないことを願うような人間が、世界市民なのだろう――ヴォルテール[1]

アフリカのサバンナやオーストラリアの海岸線、アメリカの平原を前進していく私たちの祖先は、生涯ともに旅をする密接なつながりをもつ小さなバンドで移動していた。毎月毎月、野営地を設置して食料と水を探した。他の人間に出会うことはめったになかった。彼らが一生涯そうだったように、見知らぬ人にほとんど出会わない日々など私には想像しがたい。年月が過ぎゆき、社会は大きく膨れ上がり、今や私たちは匿名の群れのなかをアリのように移動している。何百もの世代が交替するなかで狩猟採集民たちが遭遇してきた人々は彼らと似ていたが、それと比べると、群集のなかにいる多くの人々は私たちから遠くかけ離れている。

私たちの祖先はめったに外の世界の人に出会わなかったので、よそ者は現実と神話のあわいに存在する者であるように思われていた。アボリジニは、初めて会ったヨーロッパ人を幽霊ではないかと推測した。[2] 別の社会にいるメンバーのとらえかたは、長い時間をかけて根本的に変わっていった。今日、外国人は、かつてはつねに思われていたような奇怪な者やあの世から来た人と受け止められることはない。一五世紀から世界の探検が始まったことで、さらには今日では海外旅行やソーシャルメディアのおかげでさらに、地球上の遠く離れた地域の人々が接触することはありふれたことになっている。よそ者についてまったく理解を欠くことについて、先史時代にしていたように言い訳をすることはもはやできない。かつてはよそ者についてほとんど知識がなかったために、野蛮人の群れが、子どものベッドの下に潜む強欲な怪物であるかのように扱われることがあったのだ。[3]

人類は今なお、めったに気づかれたり認識されたりしないようなやりかたで社会との関係を表現し続けている。自身の社会のなかにいる人々であれ、他の社会から来た人々であれ、もっと少ない数の個人や集団とやりとりするように作られている私たちの心に負担がかかりすぎているときでも。したがって本書では、社会の性質を理解して、どのようにそうした負担に対処するのかを知るために、多くの分野の研究を引き合いに出してきた。そしてこれまでに多くの発見があった。ここでは、それらから少数の核心的な結論を抽出していく。

それらのなかで最も根底にあるのが、社会は単に人間が発明したものではないという点だ。大半の生物には、私たちが社会とよぶような閉鎖的な集団がないが、実際に社会をもつ種においては、社会はさまざまなかたちで機能してメンバーを養い守っている。そのような動物すべてにおいて、社会のメンバーはなんらかの方法で、互いを同じ集団に属する者として認識しなければならない。メンバーたちが協力し合うのか、他の社会的または生物学的な関係をもっているのかにかかわらず、この点は同じである。

社会は人間だけがもつものではないが、人間のありようにとっては必要なものであり、私たちの祖先が他の類人猿から進化の過程で枝分かれしてからずっと存在している。第21章で行なった概算によれば、一〇〇万個の人間社会が出現しては消滅したことになる。そのどれもが、よそ者には閉ざされていて、メンバーが社会のために戦うことやときには死ぬことも厭わないような集団だった。どの社会でも、メンバーたちは生まれてから死ぬまで、さらには何世代にもわたって、社会に深く関与していた。ここ数千年より以前には、これらの社会はどれも、狩猟採集民が作る小さな共同体だった。

人類が出現する以前の社会では、大半の哺乳類の社会がそうであるように、集団として機能するためにメンバーは互いを個々に認識しなければならなかった。そのせいで記憶に負荷がかかるため、ほとんどの動物において、社会の大きさにおよそ二〇〇の個体数という上限が課せられた。私たちの進化のどこかの時点、おそらくはホモ・サピエンスが誕生する以前に、人類は匿名社会を作ることによってこのガラスの天井を打ち破った。人間や他の少数の動物——とりわけアリなどほとんどの社会性昆虫——において認められるこのような社会は、厖大な大きさまでに到達する可能性がある。なぜならメンバーがもはや互いを個々におぼえる必要がないからだ。そうする代わりに、知っている者たちと、期待に応えられる見知らぬ者たちの両方を受け入れるための識別に用いるしるしに頼る。昆虫ではにおいがしるしとして働くが、人間はもっと幅広いしるしを使う。私たちのしるしには、なまりやしぐさから、服装、儀式、旗までさまざまあるのだ。

しるしは、数百人以上から構成されるあらゆる社会において欠くことのできない要素だ。しかし、人間の社会が成長していくある時点で、しるしだけでは社会を一体に保てなくなる。大きな人口を抱えた社会では、しるしとしるしの相互作用と、社会の統率とリーダーシップを受け入れること、さらには、職業や社会集団などの特殊な区分けに社会のメンバーがますます深くかかわることが求められる。

初期の人類の場合、他の脊椎動物にも類似例があるような二段階の過程を経て新たな社会が誕生した。この過程は、社会のなかに下位集団が形成されることから、たいていはとてもゆっくりと始まる。何年もたつと、こうした派閥のアイデンティティが大きく分かれて相容れないものになる。すると下位集団が分裂し、永久に別個の社会となる。

見知らぬ人たちを社会の同じメンバーとして受け入れる能力があっても、それがそのまま、人間社会がとてつもなく大きく成長することの説明にはならない。それほどの拡大が可能になったのは、他の社会から人々を獲得してきたからだった。よそ者は、社会の一員として受け入れられるために、期待されるアイデンティティに順応しなければならなかった。最初は奴隷制や征服で、もっと新しくは移民という手段でよそ者を大勢加えることで、今日の社会において見られるような民族や人種が出現した。これらの集団間の関係には、場合によっては有史以前にさかのぼるような、権力と支配の格差の痕跡がいまだに残っている。

社会のメンバー間でのアイデンティティの差異は、分裂を引き起こす原因であり続けている。しかし、狩猟採集民の集団が分裂するやりかたとはちがい、今日の社会は、社会のなかで生活するようになった民族集団が先祖伝来の土地であると主張する領域におおよそ一致するような、地理的な断層線に沿って分かれる例のほうが多い。

社会は、古くから存在するがために、人間の経験のあらゆる側面を形作ってきた。なかでもとりわけ、社会間の関係と、歴史的にはもっと遅くに出現した社会の内部にある民族集団や人種集団間の関係は、人間の心の発達に深く影響を及ぼしてきた。初期の人類がしばしばそうしなければならなかったように、よそ者についてまったく無知な状態で行動しているのではないだろうが、自身とは異なる集団についてステレオタイプ的な信念を抱いたり、自身の集団のほうが優れていると思い込んだりするという生来の傾向が、無意識のうちの反応に表れている。社会や民族にたいしてもつ一体感の根底にある心理は、私たちのあらゆる行動に刻み込まれている。出会う一人ひとりへの反応から、投票のしかた、戦争に参加するという自国の判断を認めるかどうかはどれも、私たちの生態に深く埋め込まれている手順によって形作られてきた。その影響は、現代の騒乱によって増幅されている。

こうした社会における相互作用の氾濫に個人として向き合う一方で、国家も、これまで以上に相互依存的になってきている。それでも、人間である私たち、群れをなす大勢の人々はなおも、動物の社会がこれまでつねにそうしてきたように、領土や資源や権力を奪い取るために法外な労力を払っている。攻撃する。だます。責め立てる。虐待する。信頼する相手を味方につけることで、信頼していない外国勢力との距離を置く。このような、人間に特有な同盟関係によって救われる場合がある。それでいて、同盟によって疑念や破滅がもたらされることもある。不公平な扱いを受けていると感じる人々の怒りや、同盟に参加していない人々の恐れをかき立てることによって。

この数十年間で起きた変化に期待することはできる。ほとんどの国家は、相互に依存していることを認識し、現代的な紛争にかかるコストを嫌がり、ただちに互いを征服しにかかろうとしなくなっている。まさしく、世界中の人間についての知識をもっていることで、めずらしいものがふつうになり、集団間の接触がまれで限られたものだった時代には到達できなかったような日常的な現実が生まれている。私たちは幸いにも、見知らぬ人がたくさんいるカフェに入っても平気でいられるばかりか、ラテを飲んでいる人たちが、社会のなかの民族集団の一員であれ、外国出身の人であれ、自分とちがっていても驚くことはない。機会が与えられたら、心拍数がほとんど高まることなく、そうした人と握手することもあるだろう。確かに、ともに生活することを強いられている他者のなかには、私たちをいら立たせたり、不快にさせたり、憤慨させたり、怖がらせたりするようなアイデンティティをもつ人たちがなおもいる。しかし、進化の過程やさらには歴史的な背景において、社会の歩みには問題が満ち、痛みを伴う争いがあったにもかかわらず、こうして気軽に混ざり合っていることが大きな成果なのだ。

その間ずっと変わらずに、予測のつかない世界から身を守るために、あらゆる人々が社会と一体感をもっている。帰属感によって、外部からの影響が緩和されるのだ。さらに、自分の国家や部族を尊く永続的であるとみなすことで、社会への関与がいっそう盛んになっていった。過去と、社会における人間の状況を正確に読み解くためには、社会の安定性についてのそのような見解は、私たちが作り出した幻想であるという事実に正面から向き合うことが求められる。新しい集団には確かに勢いがあるだろう。国や民族のちがいをめぐる緊張感はなくならないだろう。人間の用いるしるしは、社会のメンバーを結束させる力だけでなく、メンバーを引き裂く力も助長するように進化してきた。見知らぬ人々が互いを仲間とみなすことを可能にすることによって結束を強める一方、時の流れや地理的な距離のためにアイデンティティが変化して社会が崩壊することからメンバーたちがばらばらになる。すべての社会は本質的にはかないものであり、シアトル首長が予言したようにいつか消え去るものである。イタリアもマレーシアも、アマゾンの部族やブッシュマンのバンド社会も、その働きはどれも有機的であり、存続のためには、対立や苦痛を必ず伴う活発な反応が求められる。そうであっても、社会の縦糸と横糸で支えることのできる変化には限界があるという厳しい現実がある。ある時点で、社会という織物を繕うことがもはやできなくなるのだ。

これらをみな念頭に置いて、私たちの社会の将来を見ていこう。この問題を検討するには、あらゆるところにいる人々が大切にしている概念についての議論を見直すことから、新たに得られるものがあるだろう。この点については、これまで少ししか触れてこなかった。すなわち、自由という概念だ。アメリカ人は独立を勝ち取って以来、自分たちが自由であることに誇りを抱いてきた。しかし、アメリカ独立戦争の時点では、イギリス人は自分たちを、当時の抑圧的なヨーロッパ社会よりも自由であるとみなしていた。確かに、人間が行なう活動の多くは、社会において開かれている選択肢、つまりは自由を追求するという観点から理解することができる。しかし、この自由というものは決して単純なものではない。寛容性には制限がつきものだ。どのような社会も、メンバーにどのようなふるまいを求めるかによって定義される。したがって、社会がメンバーによって構成されるという本質からして、人々の選択肢が減り、必然的に自由が失われる。大半の種にとってこうした制限は、個々の者が他のメンバーたちとやりとりすることが求められ、よそ者との交わりは仮にあっても少しだけだという単純なものだ。しかし、人間の社会ではさらなる責務が課される。適切にふるまい、よそ者と私たちを区別するどのようなしるしにも従わなくてはならない。こうしたルールのなかで最も重要なものに行動が合致しているかぎり、自由でいられる。極端な体制は別として、市民はおおむねそのような制限を快く受け入れる。自身の社会が公正であると信じ、社会から課される制限を心地よく受け止める。その代わりに社会は、多くのものを私たちに差し出す。そのなかには、同じような考えをもった人々に囲まれているという安心感やさらには仲間意識、メンバーでいることから得られる安全性や社会的な支援、それに加えて資源や雇用機会、適切な結婚相手、芸術などを手に入れることができることなどが含まれる。

　人々は自身の自由を大切にするが、実際のところ、自由にたいして社会から課せられた制限は、自由そのものと同じくらい幸福にとって不可欠なものである。もしも人々が、自身にたいして開かれた選択肢に圧倒されたり、周囲にいる人々の行動に動揺したりするなら、自由であると感じることはない。それなら、私たちが自由ととらえているものには、つねにかなりの制約がかかっていることになる。しかし、制限を不当に厳しいものと感じるのはよそ者だけだ。こういう理由から、アメリカのように個人主義を推進する社会と、日本や中国のように集団主義的なアイデンティティを育む社会——共同体とそこから与えられる支援との一体感のほうにより大きな重点が置かれる——はどちらも等しく、社会から差し出される自由や幸福を享受することができる。[4] 社会が寛容であっても、もしも市民が、他者の安全地帯から外れた場所で行動する自由をもつなら（あるいはそうした自由をもって当然だと感じるなら）、それが女性がくるぶしを見せることであれ、ＬＧＢＴＱ団体が結婚の権利を主張することであれ、結束が弱まることになる。

こうしたことが、今日の多くの社会を悩ませている弱点である。しかし、多様な民族がいることから、結束と自由の両方を追求することがいっそう複雑になっている。困難なのは、ある集団による自由の追求と、別の集団の快適さとのバランスを取ることだ。そのため、個人の自由についての格差が集団間に生じることがある。少数派は、社会が許容可能とみなす範囲のなかに適合しなければならない——それもとりわけ優位集団が期待する範囲内に。それでいて、優位集団の人々を過度にまねてもいけない。多数派を、他から区別された特権的な地位に留め置かなくてはならないのだ。したがって少数派は、社会と一体となるだけでなく、自身の民族とも一体となるために努力を払わなくてはならない立場に置かれている。たとえばヒスパニック系アメリカ人は、周りからつねにヒスパニックとみなされると同時に、ほとんどつねに自身をヒスパニックとみなしている。一方、国家のシンボルや資源を主に握っている優位集団のメンバーは、自身の民族性や人種を意識することはめったにない。彼らは自身を、ほぼ完全に国家の国民という観点からとらえている。このために彼らにはいっそう大きな自由が授けられる。多数派の人々は、自分自身を独自で特異な人間であるとみなすという贅沢を味わっているのだ。[5]

亜大陸の先住民を侵略し、移民社会を急ごしらえしたアメリカ合衆国は、歴史にほとんど類のない実験例だ。国民には多くの起源があり、国のさまざまな地方と結びついた数的に大きな民族集団がいない。その結果、ヨーロッパ社会の多くを分断させたような裂け目がない。既成の断層線がないことから、アメリカには、政治の混乱にたいする一定の耐久性があるのかもしれない。それでも、建国から二五〇年になろうとしているこの国がこの先どうなっていくのかは不確かだ。あらゆる疑問より重要なものがひとつある。すなわち、アメリカが、世界の他の国々との生産的な関係を保ち、超大国の地位に留まりながらも、分割不可能なひとつの国家として存続していけるのかどうかという疑問だ。多様性が広まるなかで市民であることの要件がわずかな数まで減ってはいるが、社会の寛容性と積極的な順応は重要な要素であり続けるだろう。これは、多くの国にとっても同じである。

私たちの社会の未来にとって何が最良のシナリオなのか？　何が健全で長寿な社会を作るのか？　最近の傾向では、社会が多様性の支援から手を引き、国家のアイデンティティを優位集団という狭い領域に集中させるようになってきている。そうであっても、少数派がいなくなることはない。移民のペースを落としはするかもしれないが、苦しい時期にはときおりローマから少数派が追放されたように民族集団を国外に追放することは、もはや道理にかなわない。幸いアメリカは、民族だけでなく、あらゆる種類のものを格別に豊富に備えているような、どんどん増えつつある国家のひとつだ。そのような国家は、職業機会や宗教の選択肢、スポーツファン、その他の利益団体が豊富にあることを誇りとしている。こうした潤沢さによって多くの選択肢が市民に与えられ、個人のアイデンティティと他者との類似性についての層が厚くなっていくことにより、社会の力が増していく。自身の民族や人種を超えていける人、あるいは自身と似てはいるが考えかたの異なる人との共通点を見つけることのできる人は、民族や人種以外の分かち合える熱意の対象を通じて親密な絆を結ぶ機会が得られる。人間の心理を説明するにあたって紹介した、好きなチームの上着を着ていればその人の人種を見落とすことがあると示した研究のことを思い出そう。[6] そのような交差接続は、個々では弱くても大量になると強くなり、大きな変動に直面したときに社会の結束を保つ可能性がある。[7] 統治力も重要だ。別個の民族から構成される国家は、制度によって多様性が支持されている場合にはうまく機能する。[8] 相互作用が生産的なものであるかぎり、偏見は減少する。いかに狭い範囲から友人を選ぼうとも、自分以外の民族の人と実際に会って過ごす時間がいかに少なくても、このことが当てはまる。[9]

多様性があれば、さまざまな才能や視点に支えられて、創造的な交流や改革、問題解決の機会がもたらされると同時に、社会的な課題も提示される。[10] 人々の関係が変化するなかで社会がどれくらい長い期間、強くあり続けられるかは、悩ましい問題だ。社会が力を行使しなくとも健全であり続けるためには、社会のなかのすべての共同体が核となるアイデンティティを中心として、等しい熱量をもって集まるように動機づけられなければならない。多数派のほうがより大きな自由と、ゲームのルールを自身の有利になるように操作できる権力をもつ状況では、これは言うは易し、行なうは難しだ。人々のそのような強い絆を支え、他の社会との交渉も同じように巧みな国家なら、市民をいっそう幸福にして、地上での存続期間を延ばし続け、人類の歴史にとって最高の遺産となるだろう。

楽観的な善意や入念な社会的な工作でそのような結果に到達できると考えるのは、愚の骨頂だろう。上手に問題を解決できるといかに楽観的に構えていても、人間の心――さらには心と心が相互作用して作り上げられる社会――の順応性には限界がある。有利な社会的地位を享受したいという気持ちを、人間はいつまでも変わらずにもっているのだ。その気持ちがあるために、他よりも優位にあることと、他よりも優秀であるという意識を守ろうとして、互いを傷つけるのではあるが。

私たちの不運は、これまでも、そしてこれからもつねに、社会から不満がなくならないというところにある。社会はただ、不満の矛先をよそ者に向けるだけだ。よそ者についての知識が改善されても、必ずしもよそ者の扱いが改善されるとはかぎらなかった。太古までさかのぼる集団間の不和の歴史から決別するつもりが人間にあるのなら、他の人々を、人間以下であり、虫と同等ですらあるとみなしたがる衝動について、もっとよく理解する必要があるだろう。また、人がアイデンティティをどのように作り替えるかについてもっと多くを知り、個々の大きな変化にたいしてできるかぎり少ない損失で対応しなくてはならない。地球上でこれができる生き物は、ホモ・サピエンスしかない。よそ者にたいして用心深い人や信用しやすい人などさまざまな傾向があっても、見たところ相容れない他者とも結びつくという才能を誰もがもっている。救いは、本書で取り上げたますます精密な科学的所見を活用して、この才能を強化するところにある。じっくりと自己補正をすることで、祖先から受け継いだ対立に傾きやすい性質に逆らう能力が、人間にはある程度備わっていることがわかっているのは良い知らせだ。私たちは分裂する。分裂しようとも、もちこたえなければならない。

謝辞

世界の辺境で不自由な生活をするなかで過小評価されている側面に、のんびりせざるをえないということがある。生物学者として何日ものあいだ、防水シートの下でどしゃぶりの雨がやむのを待ったり、白骨の散らばる砂の上をラクダに乗って進んだりしているうちに、本当に創造的な時間とは、物事のあいだにある時間、ぎっしりと予定のつまったカレンダーからはめったに得られることのない、何もない合間の時間であることがわかるようになってきた。詩人のメアリー・オリヴァーが『旅（*The Journey*）』のなかで、自分の衝動に従うことについて次のように書いている。「枯れ落ちた枝や石だらけの道」を進むことで、新しい世界が開けてくると少しずつわかってくる。この詩は私の心に共鳴する。そのような道の途上でこれまでの人生を過ごしてきて、この目で見たことについてじっくりと考える時間が与えられ、本書を書く意欲をかき立てられたからだ。

多様な語彙とアプローチの方法を駆使してさまざまな分野を結びつけるにあたり、一般読者がとっつきやすくするために議論を簡素化する必要があった。そこで、さまざまな経歴をもつ読者が個々の話を詳しく追いかける手掛かりとなるように、非学術的な文章ではふだん見られないほどたくさんの参考文献リストを徹底して取り入れた。しかし、本書と、その前身である専門的な文章（Moffett

2013）は、文献にあたるだけでなく、寛大にも原稿を読んだり素朴な疑問に我慢して答えてくれたりした専門家たちの助言なしには、完成されなかっただろう。「こんなこと思いつきもしなかった」という言葉をかけられて、とてもうれしかった。解釈における誤りがあるとすれば、それは私に責任がある。

以下にあげた名前のうち、太字の方々には原稿の一部を検討してもらった。ドミニク・エイブラムズ、スティーヴン・エイブラムズ、エルドリッジ・アダムズ、ラシェル・アダムズ、**リン・アディソン**、ウィレム・アデラー、アレクサンドラ・アイヘンワルド、リチャード・アルバ、スーザン・アルバーツ、**ジョン・アルコック**、グレアム・アラン、フランシス・アラード、ブライアント・アレン、ウォーレン・オールモン、ケネス・エイムズ、デイヴィッド・アンダーソン、ヴァレリー・アンドルシコ、ギゼル・アンズレス、コレン・アピセラ、ピーター・アップス、エドゥアルド・アーレル・ジュニア、**エリザベス・アーチー**、ダン・アリエリー、ケン・アーミテージ、ジャンヌ・アーノルド、**アリッサ・アーレ**、フランク・アズブロック、フィリッポ・アウレーリ、ロバート・アクセルロッド、レティシア・アヴィレス。セルジュ・バウシェ、ラッセル・ポール・バルダ、**マーザリン・バナージ**、トーマス・バーフィールド、フィオナ・バーロウ、アラン・バーナード、**ディードリ・バレット**、オマー・バートフ、ヤニア・バーヤム、ブロック・バスティアン、アンドリュー・ベイトマン、**ロイ・バウマイスター**、ジェームズ・ベイマン、イザベル・ベーンケ＝イスキエルド、エリカ・ベルゲルソン、ジョエル・バーガー、ルイス・ベッテンコート、レザルタ・ビラリ、ミハウ・ビレヴィチ、アンドリュー・ビリングズ、ブライアン・ビルマン、トーマス・ブラックバーン、ポール・ブルーム、ダニエル・ブルームスティーン、ニック・ブラートン＝ジョーンズ、ガレン・ボーデンハウゼン、バリー・ボーギン、ミリカ・ブックマン、ラファエル・ブーレー、サム・ボウルズ、リード・バウマン、ロバート・L・ボイド、リアム・ブレイディ、ジャック・ブラッドベリー、ベンジャミン・ブロード、スタン・ブロード、アンナ・ブラウン、ローレン・ブレント、**マリリン・ブルーワー**、ルパート・ブラウン、ヘザー・ビルス、アレン・ブキャナン、ゴードン・ブルクハルト、デイヴィッド・バッツ。

フランセスク・カラフェル、キャサリン・キャメロン、マウリシオ・カンター、エリザベス・キャッシュダン、デビ・キャッシル、**キーラ・キャシディ**、エマニュエル・カスターノ、フランク・カステリ、ルイージ・ルカ・カヴァリ＝スフォルツァ、リチャード・チェイコン、コリン・チャップマン、ナポレオン・シャグノン、コリン・チャップマン、ラス・シャリフ、アイヴァン・チェイス、アンディ・チェバネ、ジェ・チョウ、パトリック・チヨー、ザンナ・クレー、エリック・クライン、リッチモンド・クロウ、ブライアン・コディング、エマ・コーエン、レナード・コーエン、アンソニー・コリンズ、リチャード・コナー、デイヴィッド・クーパー、リチャード・コスグローヴ、ジム・コスタ、イアン・コージン、スコット・クリール、リー・クロンク、アダム・クローニン。クリスティーン・ダーリン、アン・ダグ、グラム・デーヴィス、アラン・ドジャン、フランセスコ・デリコ、マリアンナ・ディ・パオロ、クリストファー・ダイアル、シャーミン・ドゥ・シルヴァ、フィル・デヴリース、**フランス・ドゥ・ヴァール**、オリヴァー・ディートリヒ、レナード・ディナースタイン、アーリフ・ディルリク、ロバート・ディクソン、ノーマン・ドイジ、アンナ・ドーンハウス、アン・ダウナー＝ヘイゼル、マイケル・ダヴ、ドン・ドイル、カーステン・ドゥ・ドリュ、クリスティーン・ドレー、ダニエル・ドラックマン、ロバート・ダドリー、**リー・ドガトキン**、**ヤロウ・ダナム**、ロブ・ダン、**エミリー・デュヴァル**、デイヴィッド・ダイ、**ティモシー・アール**、**アダー・アイゼンブルック**、ジェフ・エンバーリング、ポール・エスコット、ペイシェンス・エップス、ロビー・エスリッジ、サイモン・エヴァンズ、ピーター・ファシング、ジョセフ・フェルドブラム、スチュアート・ファイアスタイン、**ヴィッキ・フィッシュロック**、スーザン・フィスク、アラン・フィックス、ケント・フラナリー、ジョシュア・フォア、ジョン・フォード、マイケル・C・フランク、アンコリーヌ・フレター＝エイブラムズ、ダグ・フライ、古市剛史。

ローウェル・ガートナー、ヘレン・ギャラハー、リン・ギャンブル、ジェーン・ガードナー、**レイヴン・ガーヴィー**、ピーター・ガーンジー、エイザー・ガート、セルゲイ・ガヴリエッツ、ダニエル・ゲロ、シェーン・ゲロ、オーウェン・ギルバート、イアン・ギルビー、**ルーク・グロワッキ**、サイモン・ゴールドヒル、ナンシー・ゴリン、ゲール・グッドウィン・ゴメス、アリソン・ゴプニク、リーザ・グールド、マーク・グラノヴェター、ドナルド・グリーン、ギリアン・グレヴィル＝ハリス、ポール・グリフィス、ジョン・グリンネル、マット・グローヴ、マーカス・ガセット、マシアス・グンサー、モンセラ・ギベルナウ、ミカエラ・ガンサー。グンナー・ハーランド、ジュディス・ハビヒト＝マウチェ、ジョセフ・ハックマン、**デイヴィッド・ヘイグ**、ジョナサン・ホール、レイモンド・ヘイムズ、クリストファー・ハムナー、マーカス・ハミルトン、スー・ハミルトン、バンド・ハンド、ステヴァン・ハレル、フレッド・ハリントン、ジョン・ハーティガン、ニコラス・ハスラム、ラン・ハッシン、ユリ・ハッシン、マーク・ハウバー、クリステン・ホークス、ジョン・ホークス、**ブライアン・ヘイデン**、マイク・ハーン、ラリッサ・ハイフェッツ、ベルンド・ハインリッヒ、ジョー・ハインリッヒ、ピーター・ヘンジ、パトリシア・ヘルマン、バリー・ヒューレット、リブラ・ヒルデ、ジョナサン・ヒル、キム・ヒル、ローレンス・ハーシュフェルド、トニー・ヒス、ロバート・ヒッチコック、ロブ・ヒトラン、マイケル・ホッグ、**アン・ホロウィッツ**、ケイ・ホールカンプ、レオニー・ハディ、マーク・ハドソン、カート・フーゲンベルク、スティーヴン・ヒュー＝ジョーンズ、マルコ・イアコボーニ、井原泰雄、ベンジャミン・アイザック、ティファニー・イトウ、マシュー・フライ・ジェイコブソン、ヴィンセント・ジャニク、**ロニー・ジェノフ＝ブルマン**、ジュリー・ジャーヴィー、ロバート・ジャンヌ、ヨランダ・ジェッテン、アレン・ジョンソン。カイル・ジョリー、アダム・ジョーンズ、**ダグラス・ジョーンズ**、ジョン・ジョスト。

アーミン・カイザー、アラン・カミル、**ケン・カムラー**、エリック・カウフマン、ロバート・ケリー、エリック・カヴァーン、キャサリン・キンズラー、サイモン・カービー、ジョン・クロッペンボルグ、ニック・ナイト、イアン・カイト、セーレン・クラック、カレン・クレーマー、イェンス・クラウス、ベネデク・クルディ、ロブ・クルツバン、マーク・レイドル、カン・リー、**ロバート・レイトン**、ジェームズ・リーボールド、ジュリア・レーマン、ジャック＝フィリップ・ライエンス、アイヴァン・ライト、ウェイン・リンクレーター、エリザベス・ロジン、ブレイディ・ラヴ。オダックス・マブラ、ザリン・マチャンダ、**リチャード・マチャレク**、カーラ・マクルニス、オットー・マクリン、マイケル・マルパス、ゲイリー・マーカス、**ジョイス・マーカス**、フランク・マーロウ、**アンドリュー・マーシャル**、**カーティス・マリーン**、ウィリアム・マーカート、ホセ・マルケス、アンソニー・マリアン、アビゲイル・マーシュ、ベン・マーウィック、ジョン・マーズラフ、マリリン・マッソン、ロジャー・マシューズ、デイヴィッド・マッティングリー、ジョン（ジャック）・メイヤー、サリー・マクブレアティ、ブライアン・マッケイブ、ジョン・マッカーデル、クレイグ・マクガーティ、ウィリアム・マグルー、イアン・マクニーヴン、ダグ・メディン、デイヴィッド・メック、アン・マートル＝ミルホーレン、ケイティ・メイヤーズ、レフ・マイケル、タチアーノ・ミルフォント、ボイカ・ミリチッチ、モニカ・マイネガル、ジョン・ミタニ、ピーター・ミッチェル、パノス・ミトキディス、コリー・モロー、シンシア・モス、ウルリッヒ・ミューラー、**ポール・ネイル**、中村美知夫、ジェイコブ・ネグレイ、ダグラス・ネルソン、エドゥアルド・ゴエス・ネヴェス、デイヴィッド

・ノイ、リン・ニガールト。
マイケル・オブライエン、ケイトリン・オコンネル＝ロッドウェル、モリー・オデール、ジュリアン・オールドメドウ、スーザン・オルザック、ジェーン・パッカード、クレイグ・パッカー、エリザベス・パルック、マシュー・パオレッティ、ステファニア・パオリーニ、デイヴィッド・パパーノ、コリン・パードー、ウィリアム・パーキンソン、オリヴァー・パスカリス、シャンナ・ピアソン＝マーコウィッツ、クリスチャン・ピーターズ、アイリーン・ペパーバーグ、セルジオ・ペリス、ピーター・ペレグリン、**デール・ピーターソン**、トーマス・ペティグリュー、デイヴィッド・ピエトラスゼウスキ、トム・ポストメス、ジョナサン・ポッツ、アダム・パウエル、フェリシア・プラトー、ルーク・プレモ、デボラ・プレンティス、アンナ・プレンティス、バリー・プリッカー、ジル・プルーツ、**ジョナサン・プルーイット**、シンドゥ・ラダクリシュナ、アレッシア・ランチアーロ、フランシス・ラトニークス、リンダ・レイヤー、ドゥワイト・リード、エルサ・レドモンド、ダイアナ・ライス、ゲアハルト・リーズ、ジャー・リーシンク、マイケル・ライシュ、アンドレス・レセンデス、**ピーター・リチャーソン**、ホアキン・リヴァヤ＝マルチネス、ガレス・ロバーツ、ジーン・ロビンソン、スコット・ロビンソン、ゴードン・ロッダ、アラン・ロジャーズ、ポール・ロスコー、アレクサンダー・ローゼンバーグ、マイケル・ローゼンバーグ、ステイシー・ローゼンバウム、デイヴィッド・ローウェル、ポール・ロジン、ダニエル・ルーベンスタイン、マーク・ルービン、ニコラス・ルール、リチャード・ラッセル、アレン・ラトバーグ、坂巻哲也、パトリック・ソルトンストール、ボニー・サンズ、**ファビオ・サーニ**、スティーヴン・サンダーソン、**ローリー・サントス**、フェルナンド・サントス＝グラネロ、ロバート・サポルスキー、ケネス・サッサマン・ジュニア、クリス・スカー、コリーン・シャフナー、**マーク・シャラー**、ウォルター・シャイデル、オーヴィル・シェル、スカニア・

ドゥ・スコーネン、カーステン・シュラーディン、カーメル・シュライア、ユルゲン・シュヴァイツァー、ジェームズ・スコット、リーザ・スコット、トム・シーリー、ロバート・セイファース。

ティモシー・シャノン、エイドリアン・シュレーダー、クリストファー・シブリー、ジェームズ・シダニウス、ニコル・シモンズ、ポール・シャーマン、ピーター・スレーター、コン・スロボチコフ、デイヴィッド・スモール、アンソニー・スミス、**デイヴィッド・リヴィングストン・スミス**、エリオット・スミス、マイロン・スミス、マイケル・スミス、ノア・スナイダー＝マックラー、マグダレーナ・ソルジャー、リー・スペクター、エリザベス・スペルク、ポール・スピッカード、ヨーラン・スポング、**ダニエル・スターラー**、チャールズ・スタニッシュ、アーヴィン・スタウブ、ライル・ステッドマン、**エイミー・ステファン**、フィオナ・スチュワート、メアリー・スタイナー、アリアーナ・ストランドバーグ＝ペシキン、トーマス・ストラセイカー、**アンディ・スアレス**、杉山幸丸、フランク・サロウェイ、マーティン・サーベック、ピーター・サットン。マヤ・タミール、ジャレド・タリアラテーラ、ジョン・ターボー、ジョンおよびメアリー・テバージ、ブライアン・ティエリー、ケヴィン・サイス、エリザベス・トーマス、バーバラ・ソーン、エリザベス・ティベッツ、ルース・ティンコフ、アレクサンダー・トドロフ、徳山奈帆子、ジル・トレイナー、**ニール・ツツイ**、ピーター・ターチン、ヨハネス・ウルリッヒ、ショーン・ウルム、ジェイ・ファン・バヴェル、ヨハンネケ・ヴァン・デル・トーン、ジェローン・ヴァエス、ルネ・ファン・ダイク、ヴィヴェック・ヴェンカタラマン、ジェニファー・ヴァードリン、キャスリーン・ヴォース、クリス・フォン・ルーデン、マリーク・フォールポステル、アテナ・ヴォウロウマノス、リン・ワドリー、ロバート・ウォーカー、ピーター・ウォレンスティーン、フィオナ・ウォルシュ、デイヴィッド・リー・ウェブスター、**ランドール・ウェルズ**、ティム・ホワイト、ハル・ホワイトヘッド、**ハーヴィー・ホワイトハウス**、ポリー・

ウィーズナー、ジェラルド・ウィルキンソン、ハロルド・デイヴィッド・ウィリアムズ、エドワード・O・ウィルソン、ジョン・ポール・ウィルソン、**マイケル・ウィルソン**、マーク・ウィンストン、ジョージ・ウィッテマイヤー、ブライアン・ウッド、**リチャード・ランガム**、**パトリシア・ライト**、ティム・ライト、フランク・ウー、**カレン・ウィン**、ジョン・イエレン、アン・ヨーダー、ノーマン・ヨフィー、アンナ・ヤング、アンドリュー・ヤング、ヴィンセント・イゼルビット、ジョアン・ジルホー。

ゲリー・オーストロムには入り用の際に金銭的な援助をしてもらいとりわけ感謝している。リチャード・ランガムには、ハーバード大学人類進化生物学部の客員研究員として本書を執筆中に助けてもらい、早い段階で原稿全体に目を通してもらった。長期研究休暇を過ごしていた前国立進化統合センター（今やＮＥＳＣｅｎｔは残念ながら廃止されてしまった）ではアレン・ロドリゴとチームの皆さんに、そして現在の国立自然史博物館（スミソニアン協会）研究員としての立場ではテッド・シュルツと昆虫学部門に感謝する。

素晴らしいメリッサに格別の感謝を捧げたい。驚き目を見張るような動物を追跡するといういつもの楽しみに二人で興じることができたであろう時間に、ひたすらこの本に向かい合っていた私に、並々ならぬ寛大さを見せてくれた。

訳者あとがき

本書は、二〇一九年四月にアメリカで刊行された *The Human Swarm: How Our Societies Arise, Thrive, and Fall*（Basic Books）の全訳である。著者のマーク・W・モフェットは、スミソニアン自然史博物館研究員、ハーバード大学人類進化生物学部客員研究員を務める生物学者で、本書を含め四冊の著作がある。そのうち二冊は邦訳・出版されている（『ナショナルジオグラフィック動物大せっきん――カエル』（小宮輝之監修／ほるぷ出版）、『アリたちとの大冒険――愛しのスーパーアリを追い求めて』（山岡亮平・秋野順治監訳／化学同人））。訳者が初めて本書を手に取ったとき、著者の名前に見おぼえがあった。『ナショナルジオグラフィック』誌の契約カメラマンとして熱帯生物の写真を寄稿していた異色の生物学者だった。めずらしい生物の写真とユーモアあふれる文章から、パワフルでユニークな人物だと印象に残っていたのだった。同誌の人物紹介によれば、高校中退後、大学に進学し、近接撮影（マクロ撮影）を独学で修得し、ハーバード大学で昆虫学・生物学の大家E・O・ウィルソンの指導のもと略奪アリの研究で博士号を取得し、社会性アリと森林樹冠に生息する生物の生態研究を専門としている。「昆虫学界のインディ・ジョーンズ」という異名をもつ著者が、社会の誕生と崩壊についての大部の著作をものしたと知り、意外に感じた。

チンパンジーが自身の群れとはちがう群れの縄張りに足を踏み入れたら、おそらく殺される。それなのに人間の場合、ニューヨークに住む人がロサンゼルスやボルネオまで飛行機で行っても、町や村をふつうに歩き回ることができる。こうした人間社会特有の特徴について、著者は、生物学、心理学、人類学、社会学などさまざまな視点から解明を試みる。まず、人間を含むさまざまな生物は「群れる」生態をもっている。著者の専門とするアリの巣を思い浮かべれば、よくわかるだろう。もちろんチンパンジーもオオカミもイルカも群れという集団を作り生活するが、その集団のサイズが巨大なまでに成長する生物種は、社会性アリと人間だけだという。アルゼンチンアリのある集団は、サンフランシスコからメキシコにまで延びる巨大なコロニーを形成している。こうしたスーパーコロニーには数十億匹のアリがいると推定される。カリフォルニアにはアルゼンチンアリのスーパーコロニーが四つ確認されており、それらが隣接する地帯では殺し合いが繰り広げられている。それでいながら、それぞれのコロニーのなかでアリたちは整然と分業をして暮らしている。一匹のアリをコロニーの内部にあるどこかの地点に移動させても、そのアリは平然と行動し、周囲のアリもそれを受け入れるという。

社会のメンバーとして認識されていさえすれば、見知らぬ顔が近くにいても怯えることなく暮らしていける。それがいわゆる匿名社会である。こうした社会をもつのは、先述の社会性アリと人間だけらしい。なぜアリと人間が？　その謎を解く鍵は、社会のメンバーであるというアイデンティティを示す「しるし」にある。アリは社会特有のにおいを、人間は髪型や衣服、入れ墨、装飾、しぐさ、なまり、風習など数え切れないしるしを駆使して、自分がどの集団のメンバーであるかを知らせる。

こうしたアイデンティティのしるしを利用することで社会への帰属感・一体感を得ているが、その社会に別のアイデンティティのしるしをもった「よそ者」が入ってくると、緊張感が一気に高まる。

アリの場合は、コロニー特有のにおいと異なるにおいのする個体が縄張りに入ってくると、すぐに殺される。人間の場合、さまざまな民族集団で構成される社会においては、それぞれの集団のアイデンティティのしるしをめざとく識別し、社会のなかで多数を占める集団は自身以外の少数派を「よそ者」とみなし、社会的な地位を下に見る傾向がある。これがきっかけとなって集団間での憎しみが生まれ、紛争が起こり、やがては社会の崩壊につながる。

人間社会では、こうした事象がいつでもどこでも起きている。連邦国家が民族集団を中心とした国家に分裂・解体された旧ユーゴスラビアは、まさに社会が崩壊するにいたった事例だ。一九九四年にはルワンダでフツがツチを大量に虐殺した。今まさにアメリカでは、長年のアフリカ系アメリカ人差別問題への抗議運動が大きなうねりを見せている。日本も例外ではない。アメリカほどの人種のるつぼでなくとも、先住民族や、外国にルーツをもつ人々、外国人労働者など、さまざまな民族集団を抱えている。人種主義（racism）とは、人間の特徴や能力が主に人種（race）によって定められるために、特定の人種が生まれながら優位に立っているとみなす考えかたや、そこから生じる偏見を意味する。本書を読み、集団や社会の成り立ちを学べば、人種を区別するという人間の傾向は生物学に深く根ざしたものであるため、「わたしは人種への偏見はもっていない。人種差別なんかしない」と口で言うだけでは、今日ある問題を克服するのは困難だと痛感できる。真のコスモポリスを実現するのは夢物語のようだ。わたしたちにできることは、人種差別の起こる科学的・歴史的なからくりを知り、自身の心のなかにある偏見を直視したうえで、冷静に改善策を探すことではないだろうか。もう一点。場が変われば、差別する側がされる側に、偏見を向ける側が向けられる側になる。今いる社会でたまたま優位に立っている者は、このことを肝に銘じておくべきだ。

深刻なテーマについて先に論じてしまったが、本書では、さまざまな種類のアリや、ミーアキャット、ハダカデバネズミ、ハイエナ、ウマ、ゾウ、オオカミ、イルカ、クジラ、チンパンジー、ボノボなどが群れを作って生活するようすが豊富に紹介されている。また、人間本来の群れは、狩猟採集民の小集団（バンド）にあるという。狩猟採集のライフスタイルを最近まで維持していた人々の社会を見れば、人間本来の社会の姿がわかるらしい。そして人間が、狩猟採集民の小集団から、部族社会、首長制社会、そして国家へと、複雑な社会をどのように築いていったのかも詳細に記述されている。人間社会の成り立ちをテーマとした作品としてはジャレド・ダイアモンドの『昨日までの世界――文明の源流と人類の未来』（倉骨彰訳／日本経済新聞出版社）が有名だが、本書は著者の強みをいかして、人間だけでなく生物全般の社会を扱っているところが興味深い。人間とその他の生物種との共通点、ならびに人間に特有な側面に注目して読み進めていくと、人間は生物のひとつの種でありながら、複雑な思考という進化の階段を上がったがために、自身の社会を危うくしているということに気づき、はっとさせられる。

最後になるが、早川書房の伊藤浩氏には、本書を紹介していただき、モフェット氏にふたたび出会うきっかけを作っていただいた。また、同社の山本純也氏には、大部の本書の訳出・校正にあたり細かくサポートしていただいた。この場を借りてお二人にお礼申し上げたい。

二〇二〇年八月

原　注

第15章　大連合《グランド・ユニオン》

1 p.362, Orwell（1971）.
2 Goldstein（1979）.
3 Bloom & Veres（1999）, Campbell（1958）.
4 Callahan & Ledgerwood（2016）.
5 これらの選択肢のうちのどの対応をするかは、集団の相対的な力と、どの程度の競争関係にあるかによって変わってくる（Alexander et al. 2005）。
6 McNeill（1995）, Seger et al.（2009）, Tarr et al.（2016）, Valdesolo et al.（2010）.
7 Barrett（2007）, Baumeister & Leary（1995）, Guibernau（2013）.
8 Atran et al.（1997）, Gil-White（2001）.
9 Brewer & Caporael（2006）, Caporael & Baron（1997）.
10 社会はそのメンバーの合計以上のものであるとする考えは、今では正しいものだと広く考えられているが、もともとは Allport（1927）から「国家主義的誤謬」とよばれていた。
11 Sani et al.（2007）.
12 Castano & Dechesne（2005）.
13 p.397, Best（1924）.
14 Laland et al.（2016）, Wilson（2002）.
15 De Dreu et al.（2011）, Ma et al.（2014）.
16 集団としての強いアイデンティティをもつ人は、非常に強い集団感情を表す（Smith et al. 2007）。
17 Adamatzky（2005）.
18 Hayden（1987）. さまざまな社会から交易や同盟を目的にバンドが集まるときには、さらに慎重だったのだろう（第18章）。
19 マルコ・イアコボーニの私信、および Iacoboni（2008）。しかし、意識的に他者をまねるときには、認識した地位のほうが人種よりも上にくることもある（エリザベス・ロジンの私信、および Losin et al. 2012）。
20 Rizzolatti & Craighero（2004）
21 Field et al.（1982）.
22 Parr & Hopkins（2000）.
23 Watson-Jones et al.（2014）.
24 チンパンジーやボノボは、枝を使ってシロアリを捕らえて食べるなど、何か有益なことが得られる場合には互いをまねるが、実際的な目的と関連しない行為を完璧

にまねることはめったにない。ただし、模倣に近い行動もいくつかある。サンディエゴ動物園でボノボたちが、互いの毛づくろいをしながらときどき拍手をするという習慣を始めた（de Waal 2001）。
25 リビアの市民がカダフィにたいして立ち上がり革命が起こった経緯が、Whitehouse et al.（2014）によって記録されている。
26 関連する見解については、Preston & de Waal（2002）、Spoor & Kelly（2004）を参照。
27 Wildschut et al.（2003）.
28 アリの行動についての「結集」以外の観点からの説明については、Moffett（2010）を参照。
29 アイデンティティの融合について、ハーヴィー・ホワイトハウスから助言をもらった。Whitehouse et al.（2014）, Whitehouse & McCauley（2005）.
30 刺されると「かかとに7センチほどの釘が埋め込まれた状態で燃える炭の上を歩いているような」感じがする（p. 225, Schmidt 2016）。
31 Bosmia et al.（2015）.
32 Fritz（1957）, Reicher（2001）, Willer et al.（2009）.
33 p.186, Hood（2002）.
34 Barron（1981）.
35 Hogg（2007）.
36 Caspar et al.（2016）, Milgram（1974）.
37 Mackie et al.（2008）.
38 Kameda & Hastie（2015）.
39 Fiske et al.（2007）.
40 Staub（1989）.
41 偏見をはじめ、何かを信じたいと願う人は、自分の見解を強化するものがどのようなものであってもしがみついていられるかぎり、それとは反対の証拠を無視する（Gilovich 1991）。
42 とりわけやっかいなのが、暴力行為を日常的な行為として描写していたラジオ番組だった（エリザベス・パルックの私信、および Paluck 2009）。
43 Janis（1982）.
44 心理学者ソロモン・アッシュにちなんで、アッシュ同調とよばれる（たとえば Bond 2005）。
45 p.3, Redmond（1994）.
46 Modlmeier et al.（2012）.
47 Masters & Sullivan（1989）, Warnecke et al.（1992）.
48 Silberbauer（1996）.

第16章　血縁者という枠組み

1 Marlowe（2000）.

2 あらゆるコアに非血縁者がいるが、非血縁者がコアに入るのは、密猟が行なわれてきた土地で最も多く見られる（Wittemyer et al. 2009）。

3 ときおり、こうしたよそ者のうちの１頭もしくはさらに多くが、年長の「アルファ」ペアのすぐそばで繁殖する（ダン・スターラーの私信、Lehman et al. 1992, Vonholdt et al. 2008）。

4 ガニソンプレーリードッグの場合、この点については異論がある。Hoogland et al.（2012）では、コロラドに住む群れのおとなの雌は母方の近縁者である傾向のあることが発見されたが、Verdolin et al.（2014）では、アリゾナにいるおとなのなかに近縁者はほとんど認められなかった。地域によってちがいがあるのかもしれない。

5 何か大きな問題があれば、ウマが群れを離れることもある。威圧的な雄が雌たちを追い出す場合もある（Cameron et al. 2009）。

6 Bohn et al.（2009）、McCracken & Bradbury（1981）、ジェラルド・ウィルキンソン（私信）。

7 雄のチンパンジーの友だちどうしの多くは、別の母親から生まれ、子どもの頃から仲良くしていると思われる。ただし、調査が必要だ（イアン・ギルビーの私信、Langergaber et al. 2007, 2009）。

8 Massen & Koski（2014）.

9 Sai（2005）.

10 Heth et al.（1998）.

11 少なくとも赤ん坊が雄の場合はこう言える（Parr & de Waal 1999）。

12 Alvergne et al.（2009）, Bressan & Grassi（2004）.

13 Cheney & Seyfarth（2007）.

14 Chapais（2008）, Cosmides &Tooby（2013）, Silk（2002）.

15 ヒヒの母系家族についての見解は、エリザベス・アーチーから教えてもらった。何が母系「集団」（「ネットワーク」のほうが適切な言葉）であるかは、それぞれの雌の見かたによって変わってくるので、すべてのヒヒが共有している唯一無二のカテゴリーは群れそのもの、すなわち社会である。

16 雄が子どもと身体的な類似点があると認識しているという可能性も示唆されている（Buchan et al. 2003）。

17 これは特に女性について言えることだが、部外者に対抗して団結するときの男性についても言える（Ackerman et al. 2007）。

18 Weston（1991）, Voorpostel（2013）.

19 Apicella et al.（2012）, Hill et al.（2011）.

20 Schelling（1978）. 人はしばしば血縁者であるかどうかにかかわらず、遺伝子学的に似た人と惹かれ合う。おそらくは、心持ちがいくらか似ているために友情が生まれやすくなるのだろう（Bailey 1988, Christakis & Fowler 2014）。

21 p.69, Silberbauer（1965）.

22 Lieberman et al.（2007）. それで、キブツで一緒に育った子どもたちは禁止されて

いないのに互いに結婚をしない（Shepher 1971）。
23 Hill et al.（2011）.
24 Hirschfeld（1989）.
25 Tincoff & Jusczyk（1999）. この二つの言葉は、大半の赤ん坊が最初に発する喃語《なんご》に合わせて使われるようになったのかもしれない（Matthey de l'Etang et al. 2011）。
26 デイヴィッド・ヘイグはじつのところ、自分自身についてこう言っていた（Haig 2000）。Haig（2011）も参照。
27 Everett et al.（2005）, Frank et al.（2008）.
28 Frank et al.（2008）. Chagnon（1981）は、それを指す言葉のない血縁者のカテゴリーを人々が認識していると記している。
29 Woodburn（1982）.
30 Gould（1969）.
31 Cameron（2016）. たとえばコマンチではどの時点においても、捕虜はわずかな割合しかいなかったが、新しい戦士が必要であるために、部族の多くが外の血を入れるようになっていった（Murphy 1991）。
32 Ferguson（2011, p 262）が、Chaix et al.（2004）の研究を引き合いに出してこう述べている。
33 Barnard（2011）. 血縁者とよばれることがつねに肯定的であるとはかぎらない。一部のアフリカ人は、近しさを示唆するためでなく奴隷にたいする支配を表すために、血縁者の比喩を用いた（Kopytoff 1982）。
34 p.116, Tanaka（1980）.
35 Chapais et al. によるサルについての同様の研究から、そのように示唆されている（1997）。
36 家族の実体性を指摘する者たちは（e.g., Lickel et al. 2000）しばしば、各々が、自分にとっての家族を決定することができるとしている。私は、これは疑わしいと思う。たまたま近くにいる特定の家族のメンバーの集まりを結束の固い集団であるとみなすことは、あまり意味がないと思われるうえに、近しい友人たちを結束の固い集団であると思うこととなんら変わりはない。
37 この義務感、いやむしろ正確な意味での遺伝的な関係性を、仲間や血縁者にたいして犠牲を払う程度が大きいということを示した Hackman et al.（2015）の研究結果の理由として提示したい。
38 West et al.（2002）.
39 このために、一部であっても家族を勘当することが難しくなる（Jones et al. 2000, Uehara 1990）。
40 多くの社会では、特定の先祖以降の家系を把握することで、相続の問題を簡素化している（Cronk & Gerkey 2007）。
41 Johnson（2000）. 一方、寿命が延びたことで、血縁者が同居していた以前の時代よりも、いっそう複雑な血縁者ネットワークが形成されている（Milicic 2013）。
42 たとえば、Eibl-Eibesfeldt（1998）。

43 Barnard（2011）.
44 Johnson（1987）, Salmon（1998）. van der Dennen（1999）とは異なり、そのような隠喩は、正確な意味での血縁関係よりも、本質というものを信じている点（第12章）を利用していると私は考える。
45 Breed（2014）. Hannonen & Sundström（2003）は、アリの身びいき（血縁者を偏愛すること）の例について書いているが、私には彼らの証拠が弱く感じられる。
46 Eibl-Eibesfeldt（1998）, Johnson（1986）. その類人猿は、初期の社会と血縁者や味方とを混同することはありえなかっただろうと私は見ている。最初から別々に把握していたのだろう。
47 Barnard（2010）.

第17章　対立は必要か？

1 p.11, Voltaire（1901）.「パンカインド」という概念についてはマイケル・ウィルソンから教えてもらった。
2 Toshisada Nishida（1968）（西田利貞）というウガンダで活動していた著名な日本人研究者が、最初に群れの存在に気づいた。
3 Wrangham & Peterson（1996）.
4 Mitani et al.（2010）, Wilson & Wrangham（2003）, Williams et al.（2004）.
5 Aureli et al.（2006）.
6 ダグラス・スミス、キーラ・キャシディ（私信）、Mech & Boitani（2010）、Smith et al.（2015）。
7 McKie（2010）に引用されている。
8 Wendorf（1968）.
9 p. 42-4, Morgan & Bluckley（1852）.
10 ヨーロッパ人は頭皮をお金で買うことで、記念の品のもつ精神的な要素をねじ曲げた（Chacon & Dye 2007）。
11 Boehm（2013）.
12 たとえばAllen & Jones（2014）、Gat（2015）、Keeley（1997）、LeBlanc & Register（2004）、Otterbein（2004）、DL Smith（2009）。
13 Moffett（2011）.
14 Gat（1999）, Wrangham & Glowacki（2012）.
15 このサイクルはしばしば、とっさの本能的な反応によって引き起こされる。ただし、ベドウィンの部族などいくつかの社会ではこれが成文化されている（Cole 1975）。
16 遺伝子の分析から、アボリジニは、オーストラリアに定住して最初に占有したおおよその地域に、当初からは環境が変化しているにもかかわらず住み続けていることがわかる（Tobler et al. 2017）。当然、だからといって個々の社会がその地域内で

移動していなかったというわけではない。それでも多くの記述から、バンド社会が土地を保有する習慣は昔からあり、尊重されていたことがうかがわれる（LeBlanc 2014）。

17 p. 59, Burch（2005）.
18 p.332, de Sade（1990）.
19 Guibernau（2007）, van der Dennen（1999）.
20 p.171, Bender（2006）.
21 p.12, Sumner（1906）.
22 Johnson（1997）.
23 p.123, Bar-Tal（2000）.
24 このバイアスは、子どもの小集団内における行動のなかにさえ認められる（Dunham et al. 2011）。
25 私たちがリスクを不適切に評価することについての一般的な説明は、Gigerenzer（2010）、Slovic（2000）を参照。
26 Hogg & Abrams（1988）.
27 たとえば、「戦争は、人間のもつシンボル体系によって条件づけられている」、Huxley（1959, p 59）。
28 たとえば Wittemyer et al.（2007）。
29 少なくとも飼育されている状態では（Tan & Hare 2013）。
30 Furuichi（2011）.
31 Wrangham（2014）.
32 p.3, Hrdy（2009）.
33 Hare et al.（2012）, Hohmann & Fruth（2011）.
34 群れと群れのあいだの友情とよぶのに最も近い例は、ひとつの群れが二つに分裂した後に観察することができる。これらのいわゆる「チーム」は互いの近くに留まり、相手のほうに向かって愛想のよい鳴き声を立てる。しかし、数カ月のうちに、両者間の絆を示すかすかなしるしは薄れていく（Bergman 2010）。
35 Pusey & Packer（1987）.
36 Boesch（1996）, Wrangham（1999）. チンパンジーが密集しているウガンダはキバルのいくつかの地域では、殺戮が最もよく起こる。この地域では、大きなパーティから離れないという戦略が存在しない（Watts et al. 2006）。チンパンジーの暴力性についてのひとつの説明に、今日研究の対象となっているチンパンジーのほとんどが、資源と空間が限られている森に住む者たちばかりだというものが考えられる。しかし、最近の研究ではこの仮説に目が向けられていない（Wilson et al. 2014）。
37 Pimlott et al.（1969）, Theberge & Theberge（1998）.

第18章　他者とうまくやる

1 マッコウクジラは、社会が力を合わせるのが難しいという通例の例外である。しかしこの場合、協力をする社会（ユニット）は、より大きな社会——同じ狩りの伝統を共有するクラン——の一部である（第6章）。
2 ウナギを捕まえる部族のあいだでの協力は、集団間で集会を開くことにも及んだ。そしてウナギも広く交易に使われた。グンジュマラの別名には、グルンディッチマラや、それよりもいくらか包括的な名称であるマンミートがある（Howitt 1904, Lourandos 1977）。
3 ティモシー・シャノンの私信、Shannon（2008）。
4 Dennis（1993）, Kupchan（2010）.
5 たとえば、Brooks（2002）。
6 Rogers（2003）.
7 たとえば、Murphy et al.（2011）。
8 Gudykunst（2004）.
9 Barth（1969）, Bowles（2012）.
10 Yellen & Harpending（1972）.
11 Marwick（2003）, Feblot-Augustins & Perlès（1992）, Stiner & Kuhn（2006）.
12 Dove（2011）.
13 Laidre（2012）.
14 Moffett（1989b）.
15 Breed et al.（2012）.
16 Whallon（2006）.
17 ブッシュマンは、互いがもつわずかな所有物について知っていて、足跡から盗人がわかるために、めったに盗みはしなかったと言われているが、これは社会（すなわち「民族言語学的集団」Marshall 1961, Tanaka 1980）の内部での盗みだけに言えることではないかと私は思う。
18 Cashdan et al.（1983）.
19 Dyson-Hudson & Smith（1978）.
20 Bruneteau（1996）, Flood（1980）, Helms（1885）.
21 ブッシュマンは、他の集団の縄張りを通るとき、信頼して品物を交換できる特別なパートナーを見つけて親しくなった（Wiessner 1982）。
22 Binford（2001）, Gamble（1998）, Hamilton et al.（2007）.
23 Cane（2013）.
24 Jones（1996）.
25 Pounder（1983）.
26 Mulvaney（1976）, Roth & Etheridge（1897）. 言葉も伝播した。ヨーロッパ人がオーストラリアの内陸部を探検する以前から、多言語を話すアボリジニは家畜のことを耳にしたことがあり、馬を意味する yarraman や羊を意味する jumbuk という単語をすでに使っていた（Reynolds 1981）。
27 Fair（2001）, Lourandos（1997）, Walker et al.（2011）.

28 Kendon（1988）, Silver & Miller（1997）.
29 Newell et al.（1990）.
30 相互作用圏は少しずつつながって、はるか彼方まで及ぶこともある（Caldwell 1964）。
31 おそらくこうしたちがいによって、資源が乏しい年が続いたときに競争が緩和されたのだろう（Milton 1991）。
32 p. 207, Blainey（1976）.
33 Haaland（1969）.
34 p. 53, Franklin（1779）.
35 Gelo（2012）.
36 Orton et al.（2013）.
37 Bahuchet（2014）.
38 Boyd & Richerson（2005）, Richerson & Boyd（1998）, Henrich & Boyd（1998）.
39 p. 83, Leechman（1956）. van der Dennen（2014）も参照。
40 Vasquez（2012）.
41 Turner（1981）, Wildschut et al.（2003）.
42 Homer-Dixon（1994）, LeVine & Campbell（1972）.
43 Brewer（2007）, Cashdan（2001）, Hewstone et al.（2002）.
44 Mahajan et al.（2011, 2014）.
45 Pinker（2011）, Fry（2013）.

第 19 章　社会のライフサイクル

1 p. 90, Durkheim（1982［1895］）.
2 最もよく知られている例は霊長類のものだ。たとえば、Malik et al.（1985）、Prud'Homme（1991）、Van Horn et al.（2007）。
3 セレンゲティの権威であるクレイグ・パッカーが、この点について教えを授けてくれた。「ライオンはまちがいなく、自分が知っていて認識している個体にたいしてのみ協力的に行動する。群れが大きくなりすぎると、全員が互いをそれほどよくは知らなくなり、そのせいで分裂をするようだ」
4 紛らわしいが、社会の分裂もまた離合集散の意味での分離（fission）と称されてきた。fission は、定期的に別れては自由に戻ってきてふたたび一緒になるような、離合集散（fission-fusion）社会における機能的にはまったく異なる日常的な分裂を指すため、別の用語のほうがふさわしい。こういう理由で私は分裂（division）という用語を用いている。ただし Sueur et al.（2011）では、別の用語として「不可逆的な分離」が提案されている。
5 ジョセフ・フェルドブラムの私信、Feldblum et al.（2018）。
6 Williams et al.（2008）Wrangham & Peterson（1996）.

7 たとえばVan Horn et al.（2007）での言及を参照。
8 Sueur et al.（2011）を参照。ボノボでは、群れのメンバーがまったく別々でも、群れと群れのあいだの絆が継続されることもある。
9 古市剛史の私信、Furuichi（1987）、Kano（1992）。
10 たとえば、Henzi et al.（2000）、Ron（1996）、Van Horn et al.（2007）。
11 ミツバチの場合、若い働きバチたちがもとの女王と一緒に巣別れして新しい巣を作り、年長の働きバチたちはその場に残り、女王の後継者が生まれてもとの巣を支配するのを待つ。誰がどこへ行くべきかについての争いは起こらない。ときには、働きバチたちが複数の新しい女王に従って巣が複数に分かれることもある。ラファエル・ブーレー、アダム・クローニン、クリスチャン・ピーターズ、マーク・ウィンストンの助言に感謝する。Cronin et al.（2013）, Winston & Otis（1978）.
12 ジェイコブ・ネグレイの私信、およびMitani & Amsler（2003）。
13 スタン・ブロードの私信、およびO'Riain et al.（1996）。
14 Sugiyama（1999）. ボノボの雄も群れを離れることが知られているが、その後は近隣の集団に加わると考えられている。こうした行動は、攻撃的なチンパンジーにとってはありえないとされている（Furuichi 2011）。
15 Brewer & Caporael（2006）
16 Dunbar（2011）は、初期の社会には150人のメンバーがいる傾向が見られ、その数は1組のカップルから5世代にわたり生まれた子孫のうち生存している者たちの数に相当すると主張するなかで、人間にもこうした手段で社会が作られることがありうると暗に述べているが、こういったアリに似た（あるいはシロアリに似た）社会の作りかたがよくあったという証拠はない。
17 Peasley（2010）.
18 都合の悪いことに「バッディング」は、社会のメンバーたちが、はっきりと分かれた社会を作るのではなく、誰もいない土地へと移動するような場合にも使われる（たとえばアルゼンチンアリについて。第5章を参照）。
19 McCreery（2000）, Sharpe（2005）.
20 一般的に「連合社会」とよばれる。第22章を参照（Kowalewski 2006, Price 1996）。
21 人類の場合は、たとえばCohen（1978）。
22 Fletcher（1995）, Johnson（1982）, Lee（1979）, Woodburn（1982）. このことはまた、部族の村や定住型の狩猟採集民にも当てはまる（Abruzzi 1980, Carneiro 1987）。
23 Marlowe（2005）.
24 こうした反抗を示唆するものが、今日では企業が分裂したときに認められる。上司から新しい人間関係を押しつけられた従業員たちは、以前のアイデンティティを依然として大切にし、それを手放すまいとする（Terry et al. 2001）。
25 たとえばHayden（1987）を参照。

第20章　ダイナミックな「私たち」

1 アボリジニたちは少なくとも1950年代までこのように考えていた（p. 33, Meggitt 1962）。
2 Barth（1969）.
3 p. 328, Alcorta & Sosis（2005）.
4 Diamond（2005）. 飢え死にではなく単に他の場所へ移動した可能性もあった、と考える専門家たちがいる（Kintisch 2016, McAnany & Yoffee 2010）。
5 カレン・クレーマーの私信、および Kramer & Greaves（2016）。もうひとつの例として、Barth（1969）にあるパタン人を扱った第6章を検討してほしい。
6「標準アメリカ英語」を話す特定の地域は存在しないことがわかっている。標準アメリカ英語とは、特定の訛りというよりも極端な音声パターンがないものと理解したほうがよい（Gordon 2001）。
7 Deutscher（2010）に言語の変化についてこう提言されている。
8 p. 76, Menand（2006）.
9 Thaler & Sunstein（2009）. 言い換えれば、人々が追従する者たちが「原型」となる傾向がある（Hais et al. 1997）。
10 p. 76, Cipriani（1966）.
11 Bird & Bird（2000）.
12 Pagel（2000）, Pagel & Mace（2004）.
13 たとえば Newell（1990）。
14 Langergraber et al.（2014）.
15 Boyd & Richerson（2005）. 境界線の近くに暮らす人々はまた、外の人々とのちがいを強調するために、アイデンティティを目立たせて見せる必要があった（Bettinger et al. 2015, p. 116 in Conkey1982, chapter 1 in Giles et al. 1977）. 外部の人間との接触によって、そしてときには自衛のために他の社会と同盟関係を結ぶことによって、自分のアイデンティティを誇示することを迫られる場合はあるが、Whitehead（1992）が提唱した「部族が国家を作り、国家が部族を作る」という考えは正しくない。ホワイトヘッドは、植民地支配によって、土着の人々が自衛目的で集団のアイデンティティを構築することを強いられた後になって初めて、別個の部族が出現したと考えた。
16 こうした境界線上での調整から、チンパンジーの状況が思い起こされる。チンパンジーはパントフートを用いて近隣の者たちとのこうした類いの調整を行なう。その鳴き声は、すぐ近くにいて、自分たちと混同しないように最も注意を払わなければならないような群れの鳴き声とは、とても大きく異なる。それでもパントフートに、隣接している群れによって、縄張り内でも地域的なちがいがでてくるという証拠はない。また、そのような可能性は低そうだ。なぜなら、とりわけ雄のチンパンジーは、人間のバンドのように長いあいだ縄張りの一点に留まるのではなく、縄張り中を動き回る傾向があるからだ（Crockford et al. 2004）。
17 Read（2011）を参照。

18 p. 16, Poole（1999）.
19 Packer（2008）.
20 このことは、集団が小さいほど信頼が高くなるという事実から示唆される。小さい集団では、よく知っているメンバーの見せる逸脱がかなり容認されるのだろう（ヨランダ・ジェッテンの私信、および La Macchia et al. 2016）。一方、社会のなかでも、あまり知らないメンバーはそれほど信頼されないだろう（Hornsey et al. 2007）。
21 心理学者はこれを多元的無知とよぶ（Miller & McFarland 1987）。その一例が、1960年代の白人のアメリカ人たちが、他の白人たちも人種の隔離を支持していると想定していたことだった。そのため逆説的に、正しいと考える人がほとんどいないような頑迷な慣習が実践されることになった（O'Gorman 1975）。
22 Forsyth（2009）.
23 コマンチの下位集団は、別々の社会としてふるまう方向へと向かう途中であると説明することもできるだろう（ダニエル・ゲロ、および、p. 87, Gelo 2012）。
24 チワワでさえ、以前に出会ったことがなく、写真を見せられただけなら、体重が100キログラムもあるマスティフを自身と同じ種の犬として選び出すだろう（Autier-Dérian et al. 2013）。
25 p. 366, Dollard（1937）.
26 しかし、もしも私たちの先祖が第11章に示した説のように、語彙が存在する以前から発声によって社会を区別していたなら、すべての人間がひとつの言語を話していた時代はまったくなかったかもしれない。
27 たとえば、Birdsell（1973）。
28 Dixon（1972）.
29 p. 270, Cooley（1902）.
30 イペティが分離する前から人肉を食べ始めていたと想定した場合。
31 Birdsell（1957）.
32 キム・ヒルの私信、Hill & Hurtado（1996）。
33 p 53, Lind（2006）を引用。
34 Sani（2009）.
35 たとえば Bernstein et al.（2007）の実験によって証明されている。
36 以下は私による独自の説明だが、たとえば Hornsey & Hogg（2000）を参照。
37 Erikson（1985）.
38 Abruzzi（1982）, Boyd & Richerson（2005）.
39 p. 490, Darwin（1859）.

第21章　よそ者の考案と社会の死

1 Atkinson et al.（2008）, Dixon（1997）.

2 Billig（1995）, Butz（2009）.
3 この概念を最初に述べたのは Tajfel & Turner（1979）である。たとえば、Van Vugt & Hart（2004）を参照。
4 Connerton（2010）, van der Dennen（1987）.
5 p. 128-9, Goodall（2010）.
6 p. 111, Russell（1993）.
7 p. 210, Goodall（2010）.
8 Roscoe（2007）も参照。
9 Prud'Homme（1991）.
10 Gross（2000）.
11 Gonsalkorale & Williams（2007）; Spoor & Williams（2007）.
12 現代国家において抑圧されている人種について言えるように（たとえば Crocker et al. 1994, Jetten et al. 2001）。
13 Boyd & Richerson（2005）; Hart & van Vugt（2006）によって小集団を対象にした研究が実施された。
14 霊長類については、Dittus（1988）、Widdig et al.（2006）を参照。狩猟採集民については、Walker（2014）、Walker & Hill（2014）を参照。
15 たとえば Chagnon（1979）。
16 集団が社会よりもはるかに小さなものである場合にさえ、このことが当てはまる。たとえば、遊び仲間のグループに新しく加わった子どもは、そのグループのメンバーが研究者によって無作為に選ばれた場合でも、グループのなかで友だちを作る事例が圧倒的に多かった（Sherif et al. 1954）。このようなささいな競合集団について研究した先駆者である Muzafer Sherif（p. 75, 1966）の表現によれば、「個人的な好みにもとづいて友人を選ぶ自由は、結局のところ、組織のメンバーについての規則に従って選ばれた人たちのなかから選ぶ自由であるとわかる」。本書において興味の対象となるメンバーとは、社会そのもののメンバーである。
17 Taylor（2005）.
18 Binford（2001）, Kelly（2013）, Lee & Devore（1968）.
19 このために、この大きさを超えると崩壊が起こる場合がとても多いのだろう。Birdsell（1968）では、分裂が起こる典型的な数を 1000 としている。
20 Wobst（1974）, Denham（2013）.
21 これらのイルカの群れが最初どのように形成されるのかは謎である（ランドール・ウェルズの私信、Sellas et al. 2005）。
22 最終的にはアメーバは分裂する活力を一切失い、培養皿のなかでいつまでもぐったりとしている（Bell 1988, Danielli & Muggleton 1959）。
23 Birdsell（1958）.
24 p. 1, Hartley（1953）.
25 過去にあった言語の数の推定については、Pagel（2000）を参照。

第22章　村から征服社会へ

1 Kennett & Winterhalder（2006）, Zeder et al.（2006）.

2 種によっては個体数がもう少し多い場合もあるが、都市部において資源が得られる機会から予測されるほどではない（コリン・チャップマンおよびシンドゥ・ラダクリシュナの私信、Kumar et al. 2013, Seth & Seth 1983）。

3 Bandy & Fox（2010）.

4 Wilshusen & Potter（2010）. たとえばヤノマミが生涯において分裂を経験した回数は、Hunley et al.（2008）および Ward（1972）のグラフからおおまかに推論できる。

5 Olsen（1987）.

6 Flannery & Marcus（2012）.

7 エンガは正式には胞族《フラトリー》と称される。部族のなかのクランは交婚し、クランどうしの関係は良好な傾向にある。ただし、自身の畑で養える以上にクランの人数が多くなりすぎた場合は別である。その時点を迎えると、争いが激しくなっていく。エンガは駆け引きにおいて決して寛大ではない（Meggitt 1977, Wiessner & Tumu 1998）。

8 Scott（2009）.

9 ニャンガトムについてはルーク・グロワッキに助言をもらった。男が所属する世代は奇妙な方法で決定される（Glowacki & von Rueden 2015）。

10 Chagnon（2013）.

11「部族」は、紛らわしい歴史をもつ言葉だ。私がここでこの言葉を用いるのは、ひとつの言語と文化を共有する複数の村からなる集団を描写するために他の人たちによってこれまで用いられているから、そして、そのような社会を指すために他の言葉が一般的には用いられていないからだ（スティーヴン・サンダーソンの私信、および Sanderson 1999）。北米のフッター派は、村社会ととてもよく似た行動をする。彼らは、自身を「同じ種類」とみなす三つの派閥に所属する。ただし、それぞれの派閥は他の派閥がまちがっていると考えている（サイモン・エヴァンズの私信）。

12 Smouse et al.（1981）, Hames（1983）.

13 多くの部族が焼き畑農業を行なっている。村では土地を開墾して畑にし、その後、収穫量が減れば別の森に移動して開墾する。

14 Harner（1972）. ヒバロはまた、他の部族を説得してスペイン人の攻撃に加わらせようとしたが、他の部族たちの働きはあまり成果がなかった（Redmond 1994, Stirling 1938）。

15 小競り合いが多く発生したため、異なる習慣が生まれるほど長く村人たちが一緒にいることはめったになかった。分裂してできた二つの村は、生活様式からはほとんど区別がつかなかった。狩猟採集民のバンドから一部の人々が離れていった場合も同じだった。分裂は、社会のルーツが別物になるというより、住む地域を変えるというのに近かった（ただし分裂後に村と村のあいだで言葉の使いかたに多少のちがいが生じることもある。アイヘンワルドの私信、Aikhenvald et al. 2008）。

16 Kopenawa & Albert（2013）.
17 たとえば Southwick et al.（1974）。
18 たとえば Jaffee & Isbell（2010）。
19 例外として、軍隊アリのコロニーが女王を失ってから融合する例（Kronauer et. al 2010）と、アカシアアリのコロニーが戦いの後に融合する例（Rudolph & McEntee 2016）がある。シロアリにおいては、女王と王の死後に働きアリたちが繁殖可能になるような「原始的」な種（基礎種）のコロニーどうしが合併することが実際に観察されている（たとえば Howard et al. 2013)。もっと「高度な」シロアリ（シロアリ科）でコロニーが合併するという主張はあるが、それを評価することは難しく、知られているかぎりでは、自然界で成熟したコロニーどうしが合併することがあるにしてもそれはめったに起こらない（バーバラ・ソーンの私信）。
20 Moss et al.（2011）.
21 Ethridge & Hudson（2008）.
22 グンナー・ハーランドの私信、および Haaland（1969）。
23 Brewer（1999, 2000）.
24 同じことがこうした他の同盟についても当てはまる。たとえば、北米の首長制社会間での同盟や、6 世紀に中国で形成された国家同盟などがそうだ（Schwartz 1985）。
25 ロバート・カルネイロが最初にこの見解を示したが、後にこれを撤回して、いくつかの集団が融合して首長制社会になることを認めた（Carneiro 1998)。私としては、このような「合併」は、しばしば同一の社会に属し以前は主権をもっていた集団（たとえば独立した村）が、任務を果たすために政治的な傘のもとで統合したという観点で解釈されるべきであると考える。しかし、これらの村を完全に包含して単一の実体にするには、首長による権力抗争が必要であり、それが結局、一種の征服になったのだろう。
26 Bowles（2012）.
27 Bintliff（1999）.
28 Barth（1969）.
29 どの程度までそうだったのかについては、今なお議論されている。たとえば、イロコイが捕虜にした者たちの一部は時間をかけて完全に同化したと主張する者もいれば、それは不可能だと考える者もいる（Donald 1997)。私としては、ちがいがなおも明らかであることからすると、完全な同化よりも完全な受容のほうが正確な表現ではないかと思う。
30 p. 155, Chagnon（1977）.
31 Jones（2007）は、こうして赤ん坊を盗むことは人間における奴隷制の先駆けだと主張しているが、私はそうではないとにらんでいる。サルの赤ん坊は絶対に児童労働を強制されないからだ。
32 Boesch et al.（2008）.
33 Anderson（1999）.

34 p. xxiv, Biocca（1996）.
35 Brooks（2002）.
36 逃走した者たちはたいてい、遠くに行くまでに捕まえられた――しばしば隣の部族によって（Donald 1997）。
37 Patterson（1982）.
38 Cameron（2008）.
39 Clark & Edmonds（1979）.
40 p. 46, Mitchell（1984）.
41 生活が苦しいときに平民がお金と引き換えに奴隷に身を落とすこともあった。とりわけ、上流階級が所有する奴隷たちが、最も貧困な自由民よりも良い暮らしをしているときに（Garnsey 1996）。
42 p. 17, Perdue（1979）.
43 Marean（2016）.
44 たとえばFerguson（1984）。
45 第15章およびAbelson et al.（1998）を参照。
46 アダム・ジョーンズの私信、およびJones（2012）。
47 Confino（2014）.
48 Haber et al.（2017）.
49 Stoneking（2003）.
50 Grabo & van Vugt（2016）, Turchin et al.（2013）.
51 Carneiro（1998, 2000）. 第22章の原注26を参照。
52 Oldmeadow & Fiske（2007）. 後に見ていくように、このように地位を正当であると受け入れることは、民族集団や人種間での関係にも当てはまる。
53 たとえばAnderson（1994）。

第23章　国家の建設と破壊

1 Liverani（2006）. メソポタミア文明のウバイド期（前5500年から前4000年）の遺跡からは、もっと初歩的な国家の機構が見て取れる。初期国家の出現の概要については、Scarre（2013）およびScott（2017）を参照。
2 Spencer（2010）.
3 たとえばAlcock et al.（2001）、Parker（2003）。
4 Tainter（1988）.
5 Bettencourt & West（2010）, Ortman et al.（2014）.
6 Richerson & Boyd（1998）, Turchin（2015）.
7 p. 50-1, Wright（2004）.
8 Birdsell（1968）はこれを「コミュニケーションの密度」とよんだ。
9 Freedman（1975）.

10 Hingley（2005）. 周辺地域のなかには、ローマ化があまり進まなかったところもあったかもしれない。
11 霊能者らは、リーダーを不要にするような「倫理的な基本計画」を提示した（Hiatt 2015, p 62）。
12 Atran & Henrich（2010）, Henrich et al.（2010a）.
13 DeFries（2014）.
14 p. 42, Tilly（1975）.
15 比較的平和主義的な古代社会の例としてミノアについて教えてくれたエリック・クラインに感謝する。
16 p. 156, Kelly（2013）.
17 Mann（1986）.
18 こうした大きな首長制社会は、国家機構のレベルまで到達できた。実際、いくつかは国家であったと述べる専門家もいる（たとえば Hommon 2013）。
19 Carneiro（1970, 2012）は、文明の発生についての他の理論を巧みに切り捨てている。カーネイロの見解を、私から見てしっくりくるように単純化して整えてはいるが、たとえば、社会的な地位という点も国家の形成にかかわっていただろうという意見には同意する（Chacon et al. 2015, Fukuyama 2011）。
20 Brookfield & Brown（1963）.
21 p. 175, Lowen（1919）.
22 p. 108, de la Vega（1966）.
23 Faulseit（2016）.
24 Diamond（2005）.
25 Currie et al.（2010）, Tainter（1988）.
26 Joyce et al.（2001）.
27 Marcus（1989）.
28 Chase-Dunn et al.（2010）, Gavrilets et al.（2014）, Walter et al.（2006）.
29 Johnson & Earle（2000）.
30 Beaune（1991）, Gat & Yakobson（2013）. Hale（2004）. Reynolds（1997）, Weber（1976）.
31 Kennedy（1987）.
32 Frankopan（2015）.
33 Yoffee（1995）.
34 彼女の仮説を支える根拠が毎年発見されている（Roosevelt 2013）。
35 Wallensteen（2012）.
36 Kaufman（2001）.
37 Bookman（1994）.
38 南部人は確かに、北部人よりもイギリスのさまざまな地域出身の者が多く、不十分ではあるがこの区別には実際的な根拠があった（Fischer 1989, Watson 2008）。
39 アレン・ブキャナン、ポール・エスコット、リブラ・ヒルデの私信、および

Escott（2010）、McCurry（2010）、Weitz（2008）。
40 Carter & Goemans 2011.
41 このような献身の不足は、多くの種類の集団についても言えることだ（Karau & Williams 1993）。
42 Kaiser（1994）, Sekulic et al.（1994）.
43 ジョイス・マーカスの私信、および Feinman & Marcus（1998）。首長制社会と初期の国家はもっと短命だった。いくつかの調査では、首長制社会の存続期間は長くても 75 年から 100 年だった（Hally 1996）。
44 p. 253-4, Cowgill（1988）.
45 Claessen & Skalník（1978）.

第 24 章　民族の台頭

1 Alcock et al.（2001）.
2 p. 8, Isaac（2004）. 民族集団の形を変えて社会に受け入れることにかんする多数の洞察があるが、私は、多少古くはあるが Van den Berghe（1981）を今でも推奨する。
3 p. 27-28, Malpass（2009）. インカについてはマイケル・マルパスから助言をもらった。
4 Noy（2000）.
5 私の論点は Cowgill（1988）に似ている。ただし、彼は征服（subjugation）という言葉を使うが、私は支配（domination）を使う。支配される集団も編入される集団も、最初は征服されたのだろうが。
6 Yonezawa（2005）.
7 Brindley（2015）.
8 フランシス・アラードの私信、Allard（2006）、Brindley（2015）。
9 Hudson（1999）.
10 中国の万里の長城も同様に、中国人を、辺境にある「原始的」な草原遊動民たちの外部社会から守って（そして隔離して）いた（Fiskesjö 1999）。
11 Cavafy（1976）.
12 Spickard（2005）. 同化（assimilation）とそれに関連する文化変容（acculturation）という用語が人類学者と社会学者によってさまざまな意味合いで用いられてきたが、本書では前者の用語だけを用いる。
13 Smith（1986）. この「集団優位性の観点」にはしっかりとした裏づけがある（Sidanius et al. 1997）。
14 被征服者が変化する負担を圧倒的に背負うことについての主な例外が、遊牧民に認められる。彼らよりも、彼らが征服したいっそう複雑な文化をもつ社会のほうが数では圧倒的に勝っていた。チンギス・ハンと後継者たちは、征服した文明を意のままに利用した。彼らは、自身の民族や、支配下に置く民族にたいして、幅広い行動の自由を許可していたが、たいていの場合は自身のもつ遊動民的な伝統に執着し

ていた（Chua 2007 によって丁寧に描写されている）。
15 たとえば、Santos-Granero（2009）の第８章。
16 Hornsey & Hogg（2000）. Hewstone & Brown（1986）.
17 Aly（2014）.
18 Mummendey & Wenzel（1999）.
19 格段に大きな影響力をもっているのは首都だった（Mattingly 2014）。
20 明らかな多民族社会では、上位のアイデンティティに何が入るのかについての争いが生じうる（Packer 2008, Schaller & Neuberg 2012）。
21 たとえば Vecoli（1978）。
22 Joniak-Lüthi（2015）.
23 アメリカ合衆国など、もっと明白に多民族からなる国家は、これにもとづけば国家とみなされない。私は本書で、日常的な意味合いで国家という言葉を用いている（Connor 1978）。
24 Sidanius et al.（1997）.
25 Seneca（1970）.
26 p. 7, Klinkner & Smith（1999）.
27 Devos & Ma（2008）.
28 p. 133, Huynh et al.（2011）.
29 p. 5, Gordon（1964）.
30 Deschamps（1982）.
31 Yogeeswaran & Dasgupta（2010）.
32 Sidanius & Petrocik（2001）.
33 Cheryan & Monin（2005）, Wu（2002）.
34 Ho et al.（2011）.
35 Devos & Banaji（2005）,
36 p. 8, Marshall（1950）.
37 Deschamps & Brown（1983）.
38 Ehardt & Bernstein（1986）, Samuels et al.（1987）.
39 Berry（2001）.
40 Lee & Fiske（2006）, Portes & Rumbaut（2014）.
41 Bodnar（1985）.
42 Jost & Banaji（1994）, Lerner & Miller（1978）.
43 p. 82, Fiske et al.（2007）. Major & Schmader（2001）、Oldmeadow & Fiske（2007）も参照。
44 p. 13, Jost et al.（2003）.
45 Paranjpe（1998）.
46 p. 29, Hewlett（1991）.
47 Moïse（2014）.
48 コマンチに捕らえられた赤ん坊はすぐにコマンチとして扱われることがあった。

リヴァヤ＝マルチネスの私信、およびRivaya-Martínez（2012）。
49 Cheung et al.（2011）.
50 Cameron（2008）, Raijman et al.（2008）.
51 西暦212年以前にもそうだった（Garnsey 1996）。
52 Engerman（2007）, Fogel & Engerman（1974）.
53 Lim et al.（2007）.
54 同時に、集団間で交流があれば、それぞれを区別する新たな方法を見つけるきっかけともなりうる（Hogg 2006, Salamone & Swanson 1979）。
55 ローマ人については、Insoll（2007）の11頁を参照。ギリシア人自身も複数の民族からなっていた（ジョナサン・ホールの私信、Hall 1997）。
56 Smith（2010）.
57 Noy（2000）.
58 Greenshields（1980）.
59 Portes & Rumbaut（2014）.
60 当初、アメリカン・インディアンは移動のための正式な許可を求める必要がしばしばあった。アメリカ政府は、居留地外での教会への出席を取り締まることまでした（リッチモンド・クロウの私信）。
61 Schelling（1978）.
62 Christ et al.（2014）, Pettigrew（2009）.
63 Paxton & Mughan（2006）.
64 Thompson（1983）.
65 Hawley（1944）.
66 p. 893, Park（1928）.

第25章　分離された状態

1 アメリカ移民の第一世代の愛国心は高くはないが、その子どもたちでは変化する（Citrin et al. 2001）。
2 Beard（2009）の11頁に引用されている。
3 おそらく、これは類推以上のものかもしれない。多くの規範は、何を食べるか、どのように調理するかなど、今日では健康問題としてとらえられていることがらを定めたものであるということと、その土地のやりかたに順応できないよそ者は実際に病気を広めることがあったという点からすると（Fabrega 1997, Schaller & Neuberg 2012）。
4 Dixon（1997）.
5 Gaertner & Dovidio（2000）.
6 このことから、Durkheim（1893）が唱えた、専門化と社会的な結合性とのつながりが思い起こされる。この点については第10章と第10章の原注39で取り上げた。

7 これもまた肯定的な弁別性である（第21章）。このような役割についての事例はほとんど残されていない。初期の国家では情報がめったに記録されなかったからである。たとえば、ローマ時代の墓には、死者の民族は記されていても職業が記されていないか、その逆だった（デイヴィッド・ノイの私信）。
8 Esses et al.（2001）. 多数派と競合すると失敗する定めにあるが、少数派のなかでの対立にも犠牲が伴う（Banton 1983, Olzak 1992）。多数派は、少数派に権力者にたいして不満を抱かせるよりも、少数派のあいだで仲たがいをさせるような競争関係を煽ることで、しばしば利得を手にした。もちろんこの手法は社会間でも効果がある。ローマ人は分割統治に習熟しており、問題を抱えるマケドニアを四つの属州に分割し、互いのあいだでの戦争を扇動した。
9 Noy（2000）.
10 Boyd（2002）.
11 Abruzzi（1982）.
12 p. 49, Turnbull（1965）. Zvelebil & Lillie（2000）も参照。
13 Cameron（2016）. この本には他の例も載っている。
14 Appave（2009）.
15 Sorabji（2005）.
16 p. 21, Suetonius（1979、後121年に書かれた）。
17 McNeill（1986）.
18 p. 2, Dinnerstein & Reimers（2009）.
19 Bauder（2008）.
20 Fiske & Taylor（2013）.
21 たとえばGossett（1963, 第1章）。
22 p. 4, 5, PC Smith（2009）.
23 詳細に関心を示さなかったために、その地域にあった社会の名前は記録されないままで、彼らの髪型や入れ墨は今でははっきりとはわからない（Brindley 2010）。
24 p. 281, Dio（2008）.
25 Sarna（1978）.
26 Curti（1946）.
27 p. 93, Crevècoeur（1782）.
28 マシュー・フライ・ジェイコブソンの私信、Alba（1985）、Painter（2010）。
29 Alba & Nee（2003）, Saperstein & Penner（2012）.
30 Leyens et al.（2007）.
31 Freeman et al.（2011）.
32 Smith（1997）.
33 Smith（1986）.
34 Bloemraad et al.（2008）.
35 Ellis（1997）.
36 p. 140, Poole（1999）.

37 de la Garza（1996）, Kalin（1995）.
38 Gans（2007）, Huddy & Khatib（2007）. さらに、今日では移動やコミュニケーション、通商が便利にできるために、移民が祖国やその伝統から切り離されることがめったにない。だが、こうしたつながりは子どもの代では薄れていく傾向にある（Levitt & Waters 2002）。
39 Bloemraad（2000）, Kymlicka（1995）.
40 皮肉なことにルカヌスは現代でいえばスペインで生まれた。ローマ帝国の歴史を通じた人種差別について論じた Noy（2000）の 34 頁に引用されている。
41 Michener（2012）, Volpp（2001）.
42 van der Dennen（1991）.
43 Jacobson（1999）.
44 p. 31-2, Alesina & La Ferrara（2005）.
45 May（p 235, 2001）は、パプアニューギニアの部族についてこの点を指摘している。「今日の村人たちの幸福は一部には、国家から流れてくる品物やサービスの分配を獲得する能力に応じて決まる。首長やビッグマンのリーダーシップは、これらの利益が手に入ることが確約され、国家との調整が行なわれる場合にかぎって発揮される」
46 Harlow & Dundes（2004）, Sidanius et al.（1997）.
47 Bar-Tal & Staub（1997）, Wolsko et al.（2006）.
48 マリリン・ブルーワーは、私の見解と Shah et al.（2004）とのあいだにはいくつか重なる点があると指摘した。
49 たとえば Van der Toorn et al.（2014）。
50 Barrett（2007）, Feshbach（1991）, Lewis et al.（2014）, Piaget & Weil（1951）.
51 愛国主義と国家主義は、自由主義的な見解と保守的な見解とにだいたい近いが、とりわけ、それぞれの極端な立場において差異が最も大きくなる。たとえば、超自由主義者は、彼らのイデオロギーに反対する自由な言論に激しく抵抗するが、財政保守主義者は自由貿易とグループ間の肯定的な関係性を支持する。国家主義者が愛国主義的な感情を抱くこともあるので、私の論じる愛国主義者は、愛国心が強く国家主義的な感覚の弱い愛国主義者に当てはまる。
52 Bar Tal & Staub（1997）.
53 Feinstein（2016）, Staub（1997）.
54 国家主義は盲目の愛国主義と言える（Schatz et al. 1999）。
55 Blank & Schmidt（2003）, Devos & Banaji（2005）, Leyens et al.（2003）.
56 アンドリュー・ビリングズの私信、Billings et al.（2015）、Rothì et al.（2005）。
57 De Figueiredo & Elkins（2003）, Viki & Calitri（2008）.
58 たとえば Raijman et al.（2008）。
59 Greenwald et al.（2015）.
60 p. 371, Smith et al.（2011）.
61 Jandt et al.（2014）.

62 Feshbach（1994）.
63 Hedges（2002）, Junger（2016）.
64 Turchin（2015）.
65 対照的に愛国主義者は、共通の運命に訴えかけて、さまざまな集団をまとめようとする（Li & Brewer 2004）。
66 たとえば Banks（2016）、Echebarria-Echabe & Fernandez-Guede（2006）。
67 集団間での競争は事態を悪化させるだけだ（Esses et al. 2001, King et al. 2010）。
68 Bergh et al.（2016）, Zick et al.（2008）.
69 Sidanius et al.（1999）.

第26章　社会は必要か？

1 p. 130, Hayden & Villeneuve（2012）.
2 Gaertner et al.（2006）.
3 反乱者の子孫は、一種の連合社会を形成したとみなされるかもしれないが、現在ではイギリスの海外領に属している。
4 アリと人間の場合、アイデンティティのしるしを用いるために、このような分離は何世代も続く可能性がある（第5章から第7章）。バイキングの孤立期間についての意見はさまざまある（グラム・デーヴィスの私信、および Davis 2009）。
5 Weisler（1995）. ニューギニアの本島に住むある部族についても、孤立しており、よそ者についてまったく知らないと主張されている（Tuzin 2001）。
6 p. 12, Royce（1982）.
7 Cialdini & Goldstein（2004）.
8 ニコル・シモンズの私信。
9 Jones et al.（1984）.
10 Turchin & Gavrilets（2009）.
11 p. 6, Gellner（1983）. ゲルナーはさらに「国家をもつことは人間に生来備わった属性ではないが、……今やそのようなもののように思われている」と述べた（p 6, 同書）。
12 新たに移民してきた多くの人々が状況に適応するために大きなストレスを感じる（Berry & Annis 1974）。
13 Lyons-Padilla & Gelfand（2015）.
14 Knight（2008）.
15 Aikhenvald（2008）.
16 Seto（2008）.
17 Goodwin（2016）.
18 p. 746, 751, Chollet（2011）. Linder（2010）、Rutherford et al.（2014）も参照。
19 p. 634, Leuchtenburg（2015）.

20 Leyens et al.（2003）, Reese &Lauenstein（2014）.

結び　アイデンティティの変化と社会の崩壊

1 p. 11, Voltaire（1901）.
2 Reynolds（1981）.
3 Druckman（2001）.
4 Maghaddam（1998）. 人々の幸福という感覚には国によるちがいはほとんどない（Burns 2018）。
5 Deschamps（1982）.
6 Cosmides et al.（2003）.
7 Brewer（2009）.
8 Easterly（2001）.
9 Christ et al.（2014）.
10 Alesina & Ferrara（2005）, Hong & Page（2004）. よそ者と思われる人々を受け入れることは、社会で優位に立つ人々にとって最大の課題となるだろう（Asbrock et al. 2012）。

本書の参考文献は www.hayakawa-online.co.jp/thehumanswarm/
からご覧になれます。

人《ひと》はなぜ憎《にく》しみあうのか〔下〕
「群れ」の生物学

2020年９月10日　初版印刷
2020年９月15日　初版発行

＊

著　者　マーク・W・モフェット
訳　者　小野木明恵《おのきあきえ》
発行者　早　川　　浩

＊

印刷所　三松堂株式会社
製本所　大口製本印刷株式会社

＊

発行所　株式会社　早川書房
東京都千代田区神田多町２−２
電話　03-3252-3111
振替　00160-3-47799
https://www.hayakawa-online.co.jp
定価はカバーに表示してあります
ISBN978-4-15-209964-8　C0040
Printed and bound in Japan
乱丁・落丁本は小社制作部宛お送り下さい。
送料小社負担にてお取りかえいたします。